중국과 한국의 불교건축

중국과 한국의 불교건축

1판1쇄 인쇄　　　2005. 8. 5
1판1쇄 발행　　　2005. 8. 10

지은이　　장헌덕
펴낸이　　김두조
펴낸곳　　빛과 글

등록번호　　제2호-3354호
등록일자　　2001. 6. 19

서울시 성동구 성수1가 2동 13-208
편집부 (02) 468-2524, 팩스 (02) 461-2272

값은 표지에 있습니다.
ISBN 89-90170-05-2 03540

중국과 한국의 불교건축

빛과글

序

　한국과 중국, 일본은 고대부터 한자를 공유하며 같은 문화권을 형성해 왔다. 건축문화 또한 서양과 달리 목조건축을 위주로 한 목가구 체계를 발전시켜 왔다. 동양의 건축문화 발전에는 불교의 영향이 지대하였는데, 한반도에 조영된 수많은 불교건축물은 우리 나라 건축문화의 발전에 한 획을 긋는 전환점이 되었다.

　문헌을 통해 볼 때 우리나라는 여러 차례의 왕조 변천에도 불구하고 끊임없이 중국과 문물 교류를 계속하였다. 7세기말 한반도의 동남부에 위치한 신라는 불교를 국가의 통치이념으로 삼아 삼국 통일을 이룩하였으며, 중국의 선진문물과 제도를 받아들여 우아하고 아름다운 불교문화를 꽃피웠다. 이 시기에 건립된 황룡사皇龍寺, 감은사感恩寺, 석굴암石窟庵, 불국사佛國寺는 당시의 우수한 건축문화를 잘 반영하고 있다고 볼 수 있다.

　그러나 무수한 외침과 화재로 인하여 불행하게도 이 땅에서 13세기 이전의 목조 건축물을 찾아보기 어렵게 되었다. 더욱이 고대의 건축기술서는 단 한권도 전해오지 않아 『영조법식營造法式』, 『공정주법工程做法』과 같은 훌륭한 기술서를 지닌 중국의 경우와 대비가 된다. 따라서 수많은 건축물들이 당시 어떤 규범에 따라 지어졌는지 많은 의문점을 남기고 있다. 한 예로 경주의 황룡사지와 익산의 미륵사지 발굴을 통해 확인된 건물의 평면 규모를 보면 일정한 규범이 없이는 그처럼 거대한 목조건물을 지을 수 없었다는 것을 능히 짐작하게 한다.

이러한 의문점들을 풀기 위해서는 당시의 목조건축물을 세밀히 분석하여 그 영건營建 체계와 원류源流를 밝혀야 하겠지만, 현재 한반도에 남아 있는 13세기 전후의 극소수 목조건축물만으로는 근본적인 한계에 부딪치게 된다. 따라서 이 시기 목조건축은 고대로부터 한반도와 문물교류가 빈번하였던 중국의 고대건축을 통해 추정할 수밖에 없는 실정이다. 현재 한국에 남아 있는 목조건축 중에는 비록 중건연대가 후대로 내려오긴 하지만 중국의 북방 건축 요소와 남방 건축 요소가 동시에 나타나고 있어 중국과의 교류사실을 간접적으로나마 뒷받침하여 준다.

학문은 형이상학의 세계를 추구하는 것이라 하지만 그것은 형이하학을 이끌어 가는 원동력이 되어야 한다. 옛 건축을 올바르게 이해하고자 하는 것은 과거로의 회귀가 아니라, 과거의 건축을 통해서 미래의 건축을 내다볼 수 있는 안목을 키우는 것이다. 필자는 중국으로부터 전해진 불교문화가 한반도에 정착하면서 한반도 목조건축에 어떠한 영향을 주었을까 하는 의문점을 가지고 1995년부터 5년간 중국 북경의 청화대학淸華大學 건축학원에 유학하며 중국 전역에 있는 수많은 사찰을 두루 찾아 다니며, 우리나라에서 볼 수 없는 귀한 목조 건축물의 사진 자료들을 얻을 수 있었다.

귀국한지 5년이 지났지만 아직까지 많은 자료들이 연구실 구석에 묵혀있어 이 기회에 불교건축 사진자료만을 정리하여 소책자로 펴내게 되었다.

이 책에 수록된 내용은 대부분 학술적 깊이보다는 현지조사를 통해 대상

건축물을 촬영했던 사진자료를 나름대로 엮어본 것에 불과하다.

이 가운데 가람과 평면비교는 박사학위 논문의 일부를 옮긴 것으로, 자료를 정리하며 여러 면에서 미흡한 점을 느꼈지만, 계속 갈고 다듬는다는 생가에서 만족스럽지 못한 내용이지만 책으로 엮었다. 선배 동학들의 준엄한 질책과 충고를 기다린다.

자료를 정리하면서, 함께 유학생활을 즐겼던 한양대학교 건축학과의 한동수 교수, 현대자동차 북경사무소의 임경택 박사, 포항제철 북경사무소의 김동하 학형, 영국 런던에서 박사학위과정을 밟고 있는 박영진 학형들의 모습이 주마등처럼 지나갔다.

그리고 이 책이 나오기까지 또 여러 분들의 도움을 받았다. 자료정리로 밤을 지샌 전통건축역사연구실의 김지서, 윤범진 군과 꼼꼼히 교정을 보아준 유현옥양에게 따뜻한 고마움을 전한다. 또 무더운 여름철 휴가도 떠나지 못하고 짧은기간에 정성을 다하여 편집에 힘쓴 도서출판 빛과 글의 김두조 사장님과 편집부 식구분들에게도 진심으로 감사의 말씀을 드린다.

2005년 7월 6일

부여 백마강 一隅에서 저자

차
례

序 | 3

한 · 중 고대 교류사 | 8

중국과 한국의 고대 가람

유적을 통해 본 중국의 고대가람 | 17

현존 사찰을 통해 본 중국의 가람 | 64

유적을 통해본 한반도의 고대가람 | 116

한국과 중국의 고대가람 특성 | 135

한 · 중 사찰 불전 평면의 변화

유구를 통해 본 불전 평면의 발전 | 139

중국 당 · 송대 불전의 평면 변화 | 146

한국 사찰 불전의 평면 변화 | 157

중국과 한국 불전 평면의 비교 | 183

주칸과 용척의 설정 | 187

중국의 석굴가람

돈황석굴 | 192

용문석굴 | 197

천룡산석굴 | 199

운강석굴 | 201

참고문헌 | 207

한국과 중국의 건축 용어 비교 | 214

색인 | 219

한 · 중 고대 교류사

세계의 지붕으로 불리는 파미르고원을 중심으로 광활하게 펼쳐지는 중앙 아시아의 사막과 초원은 아시아와 유럽을 잇는 관문으로 독일의 지리학자 리히트호펜(Richthofen)은 이 무역교통로를 '실크로드'라 하였다. 이 길은 불교 교류사 입장에서 보면 인도에서 시작된 불교가 험준한 천산산맥을 넘어 중국대륙의 고비사막에서 돈황석굴과 같은 휘황찬란한 불교예술을 전해 주는 불법佛法의 길이기도 했다. 이 길과 이어지는 여러 지역의 수많은 민족과 국가는 대부분 불교를 숭상하는 역사 속에서 살아왔으며 동아시아의 남단에 위치한 한반도의 불교전래 과정도 예외는 아니다.

한반도의 북부에 위치한 고구려는 소수림왕 2년(372) 중국대륙의 전진前秦 으로부터 불교를 받아 들였고, 백제는 12년 뒤인 침류왕 원년(AD.384)에 동진 東晉으로부터 불교가 전래되었으며, 신라는 법흥왕 14년(AD527) 이차돈異次頓 의 순교를 계기로 불교를 공인하게 되었다. 신라에 전해진 불교는 화랑도와 결속하면서 호국불교의 성격을 띠어 삼국을 통일하는 정신적인 원동력이 되었다. 삼국을 통일한 신라는 육로와 해로를 통하여 당唐과 빈번한 교류를 가졌다. 당시 신라가 이용한 육로는 영주(營州-지금의 禁州)를 통하는 안동도安東 道이며 수로는 등주登州에서 고구려와 발해로 들어가는 고구려발해도高句麗 渤海道였다.

고구려발해도는 북중국항로라고도 하였는데 이 항로는 산동반도에서 동 북으로 대사도(大謝島-지금의 長山島), 구흠도(龜歆島-지금의 타기도), 오호도烏胡島 등 발해의 작은 섬을 지나 다시 북으로 오호해(烏胡海-지금의 항산천)와 대련大 連, 압록강鴨綠江을 경유, 한반도의 대동강大東江 하구에 있는 초도椒島를 지나 서북쪽의 장구진長口津에서 동남쪽으로 육로를 따라 신라 왕성 경주에 도달하는 노선이다.[1] 이 북중국 항로를 노철산수도경유항로老鐵山水道經由航路라고도 하였는데 이 항로는 언제부터 개통되었는지 분명하지 않다. 그러나 한무제漢武帝가 고조선을 정벌할 때 수군 5만명을 거느리고 산동반도에서 출발하여 발해를 건너 왕검성王儉城을 향하였다고 하고 수문제隋文帝가 30만명의 대군을 동원하여 고구려를 침략할 때 수군은 산동반도의 등주에서 출발하여 고구려의 수도 평양을 공격하였다고 하는데 당시의 정황으로 미루어 보면 노철산수도경유 항로를 이용한 것으로 추정해 볼 수 있다.[2]

또 『중국고대항해사中國古代航海史』에 기록된 북중국항로중의 남쪽 항해도는 지금의 북한 압록강 하구에서 충청남도 서해안의 당진으로 이어지는 노선이다. 이 노선은 서해안에서 전남 완도의 청해진을 거쳐 부산을 경유하여 경주에 도착할 수 있었고, 부산에서 방향을 바꾸어 일본 구주九州로 갈 수도 있었는데 이 노선은 일본에서 많이 이용되었다. 이 항로는 서해안을 따라 북쪽으로 해안을 따라가야 하기 때문에 고구려의 위협을 받을 수 있었다. 이 북중국항로의 지배권이 신라에 들어가자 한반도의 서부에 위치한 백제의 대외진출은 매우 곤란하였을 것이다. 당시 한반도에서는 당나라를 상대로 한 치열한 외교사절 교류경쟁과 더불어 서해항로를 차지하려는 긴장감이 감돌았을 것이다.

이러한 국제적 경쟁 속에서 신라는 당항성黨項城에서 덕물도德物島를 거쳐 서쪽으로 통하는 신항로를 개발한 것으로 보인다. 소정방이 백제를 공략할 때 산동에서 출발하여 3일만에 황해를 건너 덕적도에 도착했다는 기록은 소정방 군대가 산동반도에서 덕적도에 이르는 직통항로를 사용했음을 말해준다. 이 항로는 중국대륙이 황해로 돌출한 산동반도와 한반도 서해안과는 직

---

1) 『新唐書』, 卷43, 地理 7 下
2) 趙相斗.崔干植, 『唐羅親善關係史』, 遼寧民族出版社, 1995, p31-41
　　陳炎, 『海上絲綢之路與中外文化交流』, 北京大學出版社, 1996, p40-41

선으로 제일 가까운 거리로 일본의 승려 원인圓仁이 기술한 『입당구법순례
행기入唐求法巡禮行記』에서도 밝혀지고 있는 노선이기도 하다. 이 시기에는 이
미 신라의 항해기술이 상당히 발전하여 적산항로의 거리는 많이 단축되어
신라의 사신, 구법승, 유학생들은 이 항로를 이용하였던 것으로 보인다. 그리
고 이 시기에는 고구려발해도와 적산항로 이외에도 남중국항로가 있었다.
이 노선의 하나는 한반도의 서해안에서 직접 황해를 건너 산동반도 연안을
따라 남하하여 지금의 강소성江蘇省 회안시淮安市에서 육지로 오르는 것이고
또 다른 항로는 한반도 전남의 영암에서 출발하여 흑산도를 거쳐 직접 중국
동해를 건너 장강長江 입구의 양주揚州, 소주蘇州, 명주明州로 이어지는 새로운
항로이다.

이 새로운 항로의 개척으
로 중국 장강 입구인 소주,
명주에는 새로운 무역항구
가 개설되었다. 그러나 새
로 개척한 적산항로赤山航
路와 동해항로東海航路가
많이 이용되었다고 하더라
도 북중국항로를 완전히
포기한 것은 아니었다. 이
북로는 항해거리가 멀고
시간이 오래 걸리는 약점
이 있지만, 대부분 해안선
을 따라가고 또 작은 섬을
지나기 때문에 다른 항로

▲ 북송(1111년) 때 나온 한반도와 중국 일대 지도

보다 안전한 장점이 있었다. 때문에 이 노선은 당과 신라의 해상교통발전에 중대한 역할을 하였다. 신라가 삼국을 통일한 이후 대당교류는 더욱 활발하여 사절단, 구법승, 유학생을 파견하는 횟수도 급격히 증가되었고 그 형식도 매우 다채로웠다. 이 시기를 전후하여 신라는 60여회에 걸쳐 많은 사신을 당나라로 보냈고 당나라에서도 30여회에 걸쳐 신라에 사신을 파견하였다.

『동사강목東史綱目』卷五-上, 진성여왕眞聖女王 3년 조에 보면 신라는 당에 항상 왕자를 파견하였고 또 학생들을 입학시켜 수업을 받게 하였는데, 그 기한은 10년이었다. 이때 홍려시鴻臚寺와 국자감國子監에 있던 신라 유학생수는 수백 명에 달하였다.[3]

이 시기 신라의 많은 승려들은 불교를 더욱 깊이 연구하기 위하여 중국과 인도 등으로 구법의 길을 떠났다. 이 때 유명한 구법승求法僧은 혜초慧超, 김교각金喬覺, 자장慈藏, 원측圓測, 의상義湘 등이며 김교각은 중국의 4대 불교성지인 구화산을 개창하여 시조가 되었다. 그리고 원측은 현장법사의 수제자가 되었는데 그 부도浮屠가 서안西安의 홍교사興教寺에 있다. 신라와 당나라간의 밀접한 친선관계는 9세기말 두 나라가 모두 쇠퇴할 때까지 2백여년간 지속되어 황해횡단항로黃海橫斷航路를 통한 교류는 성황을 이루었다. 그 영향으로 중국 각지에 신라인의 거주지인 신라방新羅坊이 생겨나고 장보고 같은 인걸도 나타나 양국간의 교역은 더욱 촉진 되었다.[4] 당나라가 멸망한 이후에도 고려는 여전히 북송과 남송과의 교류관계를 원만히 유지하여 많은 사신들이 왕래 하였고 특히 민간무역이 발달하였다. 이때는 복건성福建省 천주항泉州港에서 바로 북상하여 해안을 따라 황해를 거쳐 먼저 명주(明州-지금의 절강성 영파)에 도달한 후 북상하여 하지夏至 이후의 남풍南風을 타면 5일 정도에 능히

3) 趙相斗.崔千植, 前揭書.
　張靜芬, 『中國古代造船與航海』, 天津教育出版社, 1991, p75-90
4) 金在瑾, 『張保皐 時代의 貿易船과 그 航路』, 社團法人 莞島文化院, 1985

고려 해안에 도달할 수 있었다고 한다.

　복건 상인과 고려 상인들 간의 무역은 매우 성행하였고, 고려 왕성인 개성에는 수백 명의 중국 상인들이 있었으며 송의 복건지방과 일본 간에도 무역이 성행하였다.[5]

　이러한 역사적 기록은 1976년 전남 신안군 앞바다 동경126° 05′ 06″, 북위 35° 01′ 15″ 의 해저 20m 지점에서 침몰된 중국 고대목선의 발견으로 더욱 신빙성을 더해 주었다. 이 목선에서 인양된 도자기 및 대부분의 유물 22,007점은 송宋・원대元代 중국남방中國南方의 경덕진요景德鎭窯와 용천요龍泉窯 계통이었으며 극소수의 일본과 한국도자기도 포함되어 있었다. 이러한 사실은 이 목선이 당시 무역이 성행하던 중국 남방의 어느 항구에서 출항하여 한국과 일본을 오가던 국제무역선이었음을 사실로 증명한 것이다.[6] 이렇듯 황해는 고대로부터 중국대륙의 문화를 한반도로 연결시켜 주는 매개적인 역할을 하였으며, 그로부터 천년이 지난 오늘에도 중국의 천진天津, 위해威海, 대련大連, 청도靑島와 한국의 서해안을 잇는 해상항로가 열리어 새로운 시대를 이어가고 있다.

▲ 신안 앞바다 목선 출토 유물 수습 장면

---

5) 唐文基, 『福建古代經濟史』, 福建教育出版社, 1995, p363-398
6) 문화재관리국, 『신안해저유물발굴보고서』, 1985

〈『고려사』 중 송나라 상인 교류 현황〉

연대	중국기록	한국기록	주요 내용	자료 출처
1013	眞宗大中6年	顯宗4年	宋閩人戴翼来投	「高麗史」四
1015	眞宗大中8年	顯宗6年	宋泉州商人歐陽征来投	「高麗史」四
1017	眞宗天禧元年	顯宗8年	宋泉州人林仁福等四十人来献土特産	「高麗史」四
1019	眞宗天禧3年	顯宗10年	宋泉州陣文軌等一百人来献土特産	「高麗史」四
1020	眞宗天禧4年	顯宗11年	宋泉州怀势等来献土物	「高麗史」四
1022	乾興元年	顯宗13年	宋福州人陣象中等来献土特産	「高麗史」四
1023	仁宗天聖元年	顯宗14年	宋泉州人陣亿来投	「高麗史」五
1028	仁宗天聖6年	顯宗19年	宋泉州人三十余人来献方物	「高麗史」五
1033	仁宗明道2年	德宗2年	宋泉州都綱林藹等五十五人来献土特産	「高麗史」五
1045	仁宗慶曆5年	靖宗11年	宋泉州商林禧等献土特産	「高麗史」六
1049	仁宗皇佑元年	文宗3年	宋泉州商王易从等六十二人来献珍寶	「高麗史」七
1087	哲宗元佑2年	宣宗4年	宋泉州商徐戩等二十人来献新注華嚴經版	「高麗史」八
1089	哲宗元佑4年	宣宗6年	宋泉州商徐成等五十九人来献土特産	「高麗史」七

〈문헌을 통해 본 삼국시대 승려 교류 현황〉

시기	국별	법호	귀국여부	종파	거주지	자료 출처
372	前秦	順道			高句麗（肖門寺）	三國遺事
374	前秦	阿道			高句麗伊佛蘭寺	海東高僧傳
384	東晋	摩羅難陀			百濟（漢山寺）	海東高僧傳
526	陣	劉思			新羅國都	海東高僧傳
520	百濟	謙益	526年歸國	律學	留學印度五年	彌勒佛光寺事蹟
585	新羅	智明	602年歸國	律學	云游海陸	海東高僧傳
568	新羅	圓光	600年	律學	虎丘山，長安	續高僧傳
557	高句麗	波若	天台山卒	天台宗	天台山，國淸寺	續高僧傳
613	隋	王世儀			新羅慶州皇龍寺	三國遺事
638	新羅	慈藏	643年	律宗	長安胜光寺別院	續高僧傳
600	新羅	圓安	卒于中國		長安京寺	續高僧傳
628	新羅	圓測	未歸	唯識宗	玄法寺，西明寺等	宋高僧傳
668	新羅	寶壤	不詳	華嚴宗	長安南終南山	三國遺事
662	新羅	義湘	671年	華嚴宗	終南山至相寺	宋高僧傳卷四
674	新羅	智德	674年	禪宗	黃梅双峰山之東山	楞伽寺資記
692	新羅	孝忠		華嚴宗	長安終南山	三國遺事
713	新羅	慧超	卒于中國	密宗	五台山菩提寺	不空表制
713	新羅	宣寺		禪宗	溫州龍興寺	宋高僧傳卷八
735	新羅	玄超	未歸國	密宗	長安保壽寺	靑龍寺大德行状

726	新羅	禪譜		禪宗	常山	智洭大寺塔碑
726	新羅	無相	卒于中國	禪宗	長安禪定寺等	宋高僧傳
740	新羅	地藏	卒于中國		九華山化城寺	全唐文卷694
804	新羅	慧昭	830年歸國	禪宗	少林寺	真鑑禪寺碑銘
814	新羅	慧徹	839年歸國	禪宗	江西開元寺	景德錄卷9
814	新羅	洪陟	826年歸國	禪宗	江西開元寺	景德錄卷9
821	新羅	道亮	845年歸國	禪宗	洛陽佛光寺	唐文拾遺44
856	新羅	大通	866年歸國	禪宗	袁州仰山	月光寺塔碑
825	新羅	張保皐	827年	貿易	登州法華院	入唐求法巡礼記
887	新羅	麗嚴	910年歸國	禪宗	江西南昌	唐文拾遺卷69
891	新羅	迥微	905歸國	禪宗	洪州云居山	唐文拾遺卷69
908	新羅	大無爲		禪宗	福州雪峰山	景德錄卷19
950	高麗	義通	未歸	天台宗	天台云居寺	佛教统纪卷8
959	高麗	智宗	970年歸國	天台宗	天台國清寺	居頓寺塔碑

중국과 한국의 고대가람

유적遺蹟을 통해 본 중국의 고대가람古代伽藍

중국에 불교가 도입된 시기는 서한西漢 후기이며 기록에 보이는 최초의 사찰은 동한東漢 영평永平 10년(67)에 건립된 낙양洛陽의 백마사白馬寺다. 이곳은 원래 빈객을 접대하던 관서로 이용되었던 홍려시鴻臚寺를 개건하여 세운 곳이다.

그 외에 문헌 속에는 나한奈漢 때 착융笮融이 서주徐州에 인도양식으로 된 부도사浮屠祠를 건립하였다고 하나 실물은 현존하지 않는다. 이 건물 아랫층은 중루重樓이고 위에는 금반金盤을 쌓았다고 하니 이것은 중국 누각식樓閣式 목탑의 시발점이 되었다.[1]

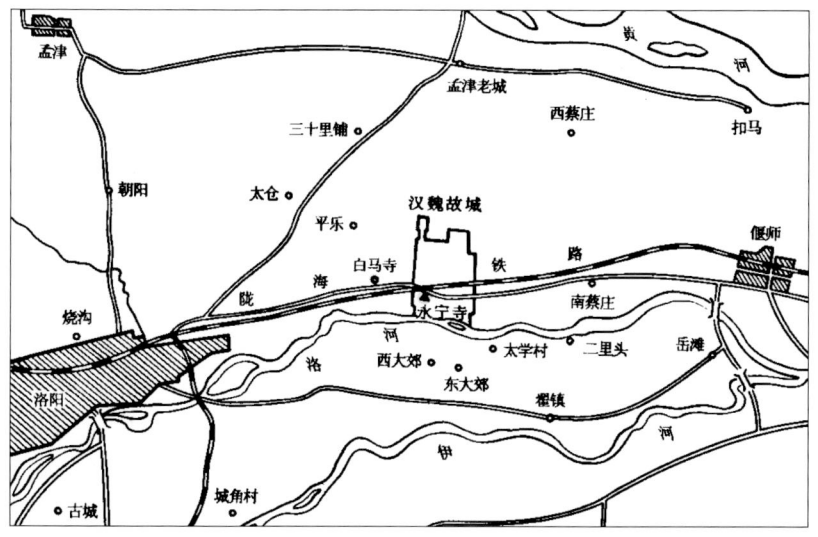

▲ 영녕사 주변 현황도

---

1) 劉敦楨 主編, 『中國古代建築史』, 中國工業出版社, 1981, p83

삼국을 거쳐 양진兩晉, 남북조시기에 이르러 통치계급에 의한 불사영건은 당시 사회에 있어 중요한 건축활동의 하나가 되었다. 남조의 수도 건강建康에는 5백여개의 불사가 있었다.[2]

『낙양가람기洛陽伽藍記』[3]에는 당시 낙양의 중요 40여개 사찰을 기록하였는데 그중 영녕사永寧寺가 가장 웅장하다고 기술하고 있다. 기록에 의한 이 사찰의 배치는 중축선상에 주요 건물을 놓고 앞쪽에는 사문寺門을

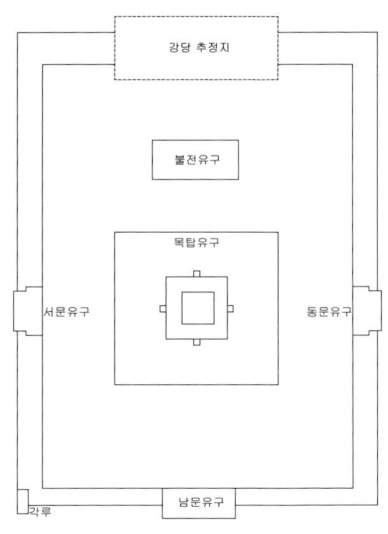

영녕사 배치도

두고 그 안에 탑을 세우고 탑 뒤로 불전을 배치하였다.[4]

초기 중국 불교건축은 인도의 영향을 받아 탑내에 사리를 수장하였다. 이는 신도들이 숭배하는 대상이었기 때문이며 탑은 사찰의 중앙에 위치하여 사찰의 중심이 되었다. 후대에 와서 불전을 건립하고 불상을 공봉供奉하여 신도들이 엎드려 예불을 올렸는데 이때는 탑과 불상이 공존하게 되었다. 그러나 탑은 여전히 불전의 앞에 세워졌다. 영녕사는 바로 이 시기 사찰배치의

---

2) 唐, 李延看, 『南史』 卷70 享祖深傳 再引用
3) 『洛陽伽藍記』는 北魏의 首都였던 洛陽의 佛敎寺院의 興亡盛衰에 대해 기술한 책으로 楊衒之가 撰述했다. 總 五卷으로 구성되어 있는데 卷 第一, 提要, 自敍, 卷二 城東, 卷三 城南, 卷四 城西, 卷五 城北으로 나뉘어져 있다.
   正光(520~524)년간에는 전국에 寺院이 약 3만개소, 낙양성 일원에도 1,367개의 사찰이 있었는데 북위 말에 낙양이 전쟁터로 변하여 寺院은 廢墟로 남게 되었는데 이전과 비할 수 없었다고 한다. 547년 양현지가 다시 낙양으로 가서 낙양의 어제, 오늘을 돌아보고 자못 감회가 깊어 이 책을 지었다고 한다.
4) 劉敦楨, 『中國古代建築史』 再引用, '而以永寧寺爲最大 這寺平面采在中軸線上布置主要建築的布局：前有寺門, 門內建塔, 塔后建佛殿 ….'

전형이었다. 근년에 이 유적을 발굴·조사한 보고서가 발간되었다.

그리고 동진東晉(317~418) 초기에 벌써 쌍탑 형식이 나타나고 있다.[5]

남북조(420~577)로부터 당대에 이르기까지 숫자가 점차 많아졌으며, 불상을 공봉하는 불전도 점차 사찰의 중심이 되었다. 당대의 사찰은 이러한 전통적인 방법 이외에도 어떤 사찰은 절의 측면으로 탑을 세우고 탑원塔院을 만들었으며 송대(960~1279)에는 탑을 불전의 뒤에 세우는 방법도 출현하게 되었다. 이러한 가람의 선례가 바로 서안西安에 있는 대안탑大雁塔이다. 그러나 이러한 가람은 비교적 규모가 큰 사찰을 가리켜 말하는 것이지 소규모의 사찰에서는 반드시 탑이 건립되지는 않았다.[6]

중국 역사에서 불교문화의 최고 전성기를 이루었던 곳은 당나라 도성이 있었던 서안西安과 낙양洛陽이며, 낙양 주변에 있는 영녕사, 백마사, 대안사 등이 대표적인 사찰이다.

그중 영녕사는 궁궐과 불과 500m 정도 떨어진 곳에 있었다고 한다. 현재 폐허화 된 영녕사지永寧寺址는 낙양내성 중심부의 서쪽에 있다. 『낙양가람기洛陽伽藍記』에 따르면 이 사찰은 북위 희평熙平 원년(516) 효명재의 모친인 영태후호靈太后胡가 창건하였다. '가람은 중축선상에 남문, 탑, 불전을 배치하여 사방으로 담장을 설치하여 전체 평면은

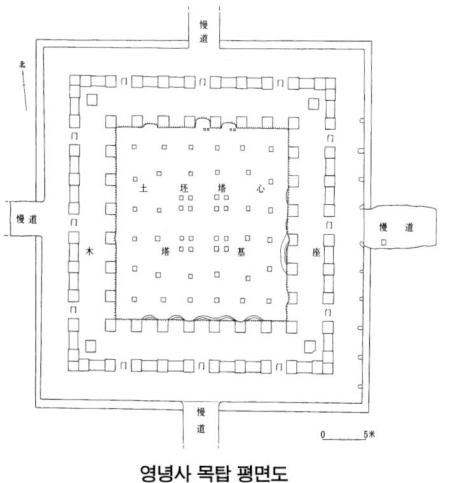

영녕사 목탑 평면도

5) 唐, 張彦遠, 『歷代名畵記』 卷5 晉, 王廣. 人民美術出版社, 1963년 卯本 再引用
6) 劉敦楨 主編, 앞 책, 中國工業出版社. 1981. p83

방형方形이 되었으며 주위의 담에는 단연短椽을 시설하고 기와를 덮었으며 담 사방으로 각각 하나씩 문을 내었다. 그중 남문루는 3층, 동 · 서 문루는 각각 2층이며, 북문은 오두문烏頭門이라 불리었다. "탑과 건물을 둘러싸고 있는 승방은 1천여 칸이나 되는데 양椽에는 조각을 하였고 벽에는 분을 발랐다."라는 기록으로 미루어 보아 이 사찰의 전각들은 중축선상에 있는 당과 탑을 중심으로 배치되었음을 알 수 있다. 이러한 배치는 중국 초기 불교가람의 전형적인 배치 형태로 보인다. 남문의 규모는 정면7칸(동서 45.5m), 측면3칸(남북 19.1m)이고, 목탑은 사방7칸으로 기단의 규모는 38.3m 정도다.[7]

▲ 영녕사 목탑 유구 전경(영녕사 발굴보고서에서 전재)

---

7) 중국사회과학원고고연구소, 『북위 낙양 영녕사』, 중국대백과전서출판사, 1996, 중국 북경

▲ 영녕사지 전경

▲ 닉양성의 일부

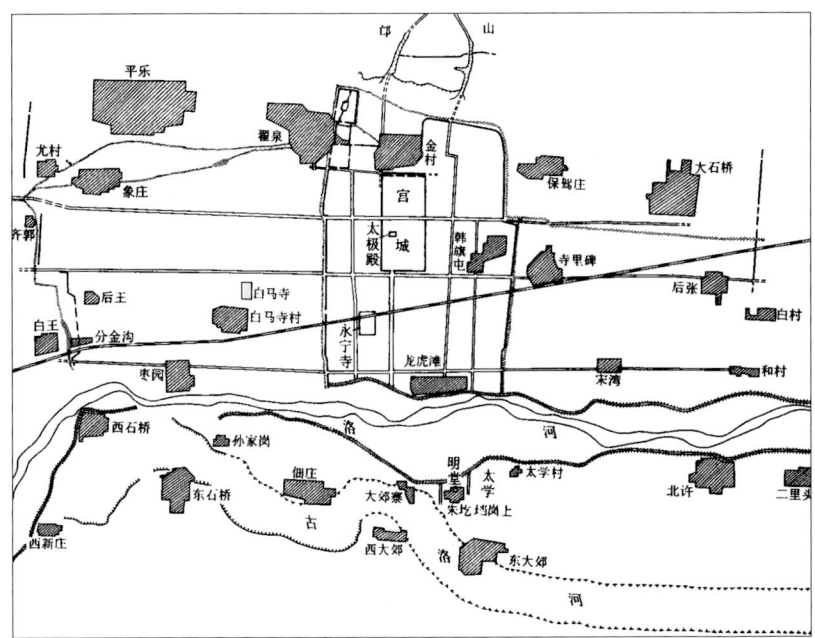

▲ 백마사지 주변 현황도

백마사지白馬寺址는 하남성 낙양시 동쪽 20km 지점에 위치하고 있다. 이 사찰의 이름은 동한東漢 영평永平11년(68) 서역에서 불경佛經을 백마白馬에 싣고 와 이곳에서 설법說法했다는데서 유래하였다. 현재 이 절의 광장에 높이 1.8m, 길이 2.2m의 석마石馬가 그 상징성을 대표하고 있다.

일반인의 관람이 가능한 백마사는 산문을 축으로 천왕전, 대불전, 대웅전, 접인전, 옥불전, 청량대, 전비호각 등 여러 건물이 있으나 모두가 명·청대에 중건된 것이다. 백마사의 맞은 편에 있는 일명一名 제운탑齊云塔은 지금의 산문에서 약 300m 동쪽에 있는데 일반관람이 불가능한 비구니들의 수도처이다. 백마사의 창건 당시에는 이 탑을 중심으로 대·소전각이 있었을 것으로 추정되나 지금은 도로와 주변환경이 바뀌어 가람의 배치를 추정하기에는 어려움이 있다. 전체적인 지형으로 보면 이 사찰 역시 영녕사와 같이 중축선상

에 불전과 탑이 위주가 된 배치를 하였던 것으로 볼 수 있다. 현재 이 사찰에 남아 있는 일명 석가사리탑으로 불리는 제운탑은 창건 당시 목탑이었으나 남송대 융흥隆興 원년(1162)에 소실되어 금대 대정大正 15년(1175)에 구舊탑지에 방형의 기단을 조성하고 13층의 전탑을 세웠는데 높이는 35m이다.

▲ 1층 탑신 상부 두공

1층 탑신의 상면에는 목조건물에서 나타나는 두공斗栱을 묘사하기 위하여 2단의 전돌로 창방을 묘사하고 그 위에 굽받침이 있는 주두를 놓고 쇠서형의 제공과 교두형의 첨차를 십자로 짜아 두공을 결구하였다. 주심과 첨차의 양쪽에는 1개씩의 소로를 놓고 7단의 굽받침을 묘사하였다. 2층 탑신부터는 이러한 두공을 생략하고 각층에서 모두 7단의 옥개받침을 사용하였다. 여기에 표현된 첨차는 『영조법식營造法式』에서 다루는 권살수법卷殺手法이 잘 묘사되어 있는데 금대金代 중건 당시 전대의 목탑 세부수법을 따랐던 것으로 보인다.

▲ 탑 모서리 상세

▲ 전탑 동·서쪽에 있는 신축된 승방

▲ 大金重修洛陽東 白馬寺 事蹟記

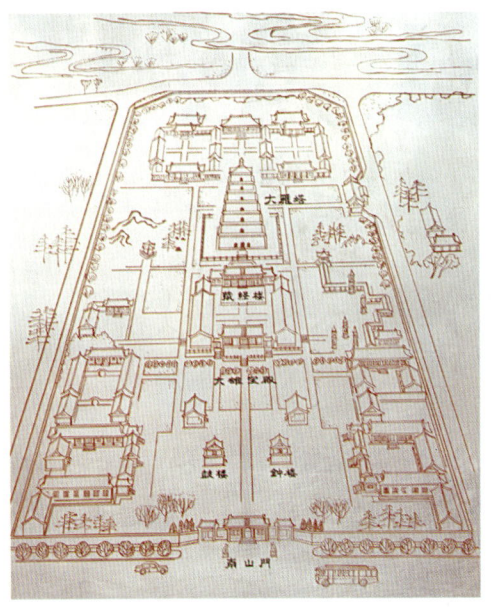

▲ 자은사 배치도

▲ 대안탑 전경

자은사慈恩寺는 하남성 서안시 성 외곽의 남쪽인 홍전동로에 있다. 이 사찰은 당 고종 이치가 모친의 만복을 빌기 위하여 당나라 정관貞觀 22년(648)에 세운 절로 자은사의 주지승 현장법사玄奘法師가 인도에서 구해온 불경이 보관되었던 곳이다. 원래 수대隋代에는 이곳에 무루사無漏寺라는 절이 있었다고 전하여 온다.

현재 자은사慈恩寺의 배치는 남대문과 대안탑이 중축선상에 놓여 있다. 남대문을 들어서면 동서에 고루鼓樓와 종루鍾樓가 있고, 중축선상에 대전大殿과 이전二殿이 있는데 모두 명·청대의 후대건물들이다.

우리나라에 널리 알려진 대안탑大雁塔은 이들 건물의 후면에 놓여 전체 배치로 보면 탑은 북쪽에 위치해 있다. 대안탑은 전돌로 쌓은 7층탑으로 1층 탑신의 사방으로 출입이 가능하도록 되어있다. 탑 내부에는 상층까지 올라갈 수 있도록 계단이 설치되어 있으며 탑의 전체 높이는 약 64m로 각층 모서리와 중앙으로는 벽돌로 기둥형태를 나타내고 옥개받침부 하부에서 두공형태를 묘사하였으나 정교하지는 않다.

상륜부는 복발覆鉢을 3개 엎어놓은 형태인데 상단의 복발 끝은 약간 뽀족한 형태를 나타낸다. 탑의 전체 높이에 비하여 상륜부는 매우 낮은 편이다.

▲ 자은사 고루

이 탑의 서편 문미석門楣石에 표현된 정면 5칸의 당대 불전도에는 기둥 위에 굽이 있는 주두가 놓이고 제공과 첨차로 포작이 새

▲ 자은사 종루

겨 있다. 기둥과 기둥 사이에는 인자대공이 있고 인자대공이 맞닿는 부분에 소로를 놓아 그 위로 포중방을 걸쳤다. 각 주칸의 중앙에는 동자주 형태의 기둥을 세워 처마도리 장혀를 받고 있는 모습이 보인다. 포작과 인자대공, 포작과 동자주 사이에는 화려한 인동당초문을 음각하였다.

처마는 겹처마로 서까래와 부연이 표현되었고, 그 위로는 암기와와 숫기와를 올렸다. 지붕의 용마루와 내림마루는 곡선이 완만하고 지붕의 양쪽 끝에는 치미를 올렸다. 치미 형태는 황룡사지 출토 치미와 매우 흡사하다. 이 불전도는 중국 고대건축 연구의 매우 중요한 위치를 차지하고 있다.

▲ 대안탑 정면 옥개석 상세

▲ 대안탑 옥개석 모서리 상세

▲ 대안탑 문미석 상세

▲ 대안탑 1층 출입구 문미석 기둥

▲ 대안탑에서 내려다 본 서안시

▲ 대안탑 문미석에 표현된 창건 당시 불전도

▲ 법문사 대웅전 전경

　법문사法門寺는 서안시에서 동쪽으로 약 100㎞ 떨어진 부풍현에 있다. 전하는 바에 의하면 동한 말년에 창건되었다고 하며 원명原名은 아육왕사阿育王寺였다고 한다. 이러한 명칭은 이 절의 탑 지하궁에 석가모니불의 골사리骨舍利가 모셔진 것에서 유래한 것으로 보인다.

　이 탑은 수양제隋煬帝 대업연간大業年門 (605~617)에 소실되어 의녕義寧 2년 (618)에 중수되었는데 '중수전우重修殿宇, 건지중궁전建地宮重殿 4층목탑'이란 명문으로 보아 당초에는 4층목탑이었음을 알 수 있고, 그 후 성통成通 14년(873), 함평咸平 6년(1003)에 수리된 기록이 보인다. 그러나 무종武宗 12년 (1517)에 대지진으로 피해를 입어 융광隆廣 3년(1596)에 붕괴된 것을 역시 만력萬曆 30년(1602)에 새로 세웠다고 한다. '건성팔면13급신전탑建城八面十三級新塼塔' (약54m)라 하여 목탑에서 13층의 전탑으로 바뀌었음을 알 수 있다.[8]

---

8) 羅哲文. 劉文淵. 劉春英 『中國著名佛敎寺廟』, 中國城市出版社, 1996.

그 후 1654년 한 차례의 지진으로 탑에 균열이 가고 기울어졌는데 1981년 8월 폭우로 절반이 붕괴되어 1987년 탑 하부까지 완전 발굴조사가 진행되었다. 이때 탑하부에서 출토된 사포보살아육왕탑四鋪菩薩阿育王塔, 정사탑精舍塔, 보주정단첨사문순금탑寶珠頂單檐四門純金塔 등은 당시의 탑 형태를 볼 수 있는 귀중한 자료이다.

특히 정사탑에서 표현된 기단부의 난간과 옥개부분 위의 노반露盤, 보륜寶輪, 보개寶蓋, 수연水烟, 용차龍車, 보주寶珠 등은 우리나라 탑의 상륜부와 거의 동일하여 탑파연구에 귀중한 자료가 된다. 이 사찰의 배치는 산문山門, 동불각銅佛閣, 진신보탑眞身寶塔, 대웅보선이 축을 이루었다.

산문의 사방으로 근년에 회랑이 복원되었다. 이러한 배치는 한반도 백제시대에 유행하였던 금당 전면에 탑이 놓이고 중문이 배치되는 형식과 유사함을 찾아볼 수 있다.

▲ 법문사 전탑 상부

▲ 법문사 앞에서 본 전탑

▲ 법문사 전탑 전경

▲ 법문사 전탑 사리구

▲ 법문사 대웅전 내부

▲ 흥교사 와불전 전경

　　흥교사興敎寺는 서안시 장안 동편 약 20km 지점의 얕은 구릉에 위치하고 있는 당 고종 총장總章 2년(669) 백록원白鹿院에 있던 현장법사의 사리를 봉안하기 위하여 영건營建 하였다고 한다.

　　사찰 내에는 고루鼓樓와 대웅전 등 기타 부속건물이 있으나 이들 건물은 모두 청대 이후에 중건되었고 탑이 있는 곳을 서원西院 혹은 탑원塔院이라 부르고 있다.

　　탑원 내에는 3개의 탑이 병렬되어 있는데 중앙에 있는 탑이 현장법사탑玄奘法師塔이고 동쪽에 있는 탑이 신라 고승 원측법사탑圓測法師塔이며 서쪽 탑이 원측스님과 유식종의 이론을 폈던 고승 규기대사탑窺基大師塔이다.

▲ 흥교사 입구

▲ 탑원의 현장법사탑 전경

이들 묘탑의 공통된 특징은 기단
없이 곧바로 1층 탑신을 쌓았다는
점이다. 그리고 1층 탑신에는 감실
이 있어 석비 등이 보존되어 있다.
중앙의 현장 법사탑은 5층탑으로
평면은 정방형이며, 전체높이는 약
23m이다. 각 층의 탑신 사방에는
귀기둥과 가운데 기둥이 묘사되어
있고, 창방과 평방 위로는 2개씩이
포작이 결구되었다. 포작의 주두와
소로에는 굽받침이 묘사되지 않았
고 교두형의 첨차에는 권살수법卷
殺手法이 보인다. 포작 위로는 벽돌

▲ 흥교사 현장법사탑

2단으로 모서리 쌓기하여 모서리 부분이 돌출되게 처리하였고 7단의 옥개석
굽받침을 묘사하였다.

옥개석의 곡은 거의 수평으로 처리되었는데 귀부분에서만 살짝 들려 경쾌
한 느낌을 준다. 옥개석 하부 귀에는 모두 풍경風磬이 달려 있다. 이 탑은 중국
에 현존하는 누각식樓閣式 전탑 중 연대가 가장 오래된 것으로 알려져 있다.

▲ 흥교사 현장법사탑명

▲ 흥교사 현장법사탑 1층 두공 상세

동쪽에 있는 원측법사圓測法師탑은
서쪽의 규기대사탑窺基大師塔과 현
장법사탑玄奘法師塔을 사이에 두고
대칭되게 배치되었다.

원측, 규기승은 현장법사의 문하
에서 수학하였다. 원측이 성유식
론成唯識論, 유가사지론瑜伽師地論
등을 강의하여 의외로 호평을 받았
기 때문에 이를 질투하고 적의를
품었던 규기와 그 후계자 혜소慧沼
등은 정통파로 자처하고 원측의 서
명학파를 이단시하였으나, 서명학

▲ 원측법사탑

파는 오히려 정통파보다도 충실하게 현장의 유식학唯識學 진의를 편파성 없
이 전한 학파였다고 한다.[9]

원측법사탑 1층 탑신의 감실 내에 기록된 탑비명에 의하면 원측은 만세통
천원년(萬歲通天元年, 696) 7월에 입적하여 용문 향산사의 북쪽계곡에서 다비茶
毘하고 백탑白塔을 세웠다고 한다. 이때 향산사에서 신라승 자선법사慈善法師
와 승장법사勝莊法師가 사리를 나
누어 보함과 석곽에 넣어 따로 종
남산終南山 풍덕사豊德寺의 동령상
에 장사지내고 그 묘탑 내에 사리
49입을 안치했다고 한다. 그 후 이
절은 폐사되어 동주의 융흥사隆興

▲ 원측법사탑명

---

9) 金哲埈, 崔柄憲, 『史料로 본 韓國文化史』, 一志社, 1987. p277

▲ 규기대사탑 전경

寺 인왕원仁王院의 광월법사廣越法師
가 대송大宋 정화政和 5년(1115) 4월 8
일에 풍덕사豊德寺에 가서 공양을 드
리고 사리를 나누어 지금의 흥교사
興敎寺에 장사지내고 새로운 탑을 세
웠는데 탑의 규모나 격식이 규기대
사탑과 조금도 다르지 않다.

탑은 3층으로 현장법사탑에서와
마찬가지로 1층 탑신에 감실龕室을
만들어 탑비명을 보관하였다.

현장법사탑과 같이 탑신에 두공斗
栱이 묘사되어 있지 않아 단조로우
면서도 우아한 모습을 띈다. 탑의 옥개 받침은 1층에서 6단, 2층에서 4단, 3
층에서 3단으로 처리했으며, 옥개석의 곡선은 귀에서만 살짝 들려 통일신
라 시대의 석탑을 보는 듯한 느낌을 준다. 가람의 전체적인 배치는 대웅전
이 있는 동원공간과 현장탑이 있는 서원공간으로 나누어 볼 수 있어 사찰의
기능에 따라 공간의 변화가 있음을 찾아 볼 수 있다.

▲ 규기대사탑 1층 옥개 상세

▲ 규기대사탑명

상국사지相國寺址는 북송의 수도였던 개봉의 변량성汴梁城 내에 있다. 기록에 의하면 창건 당시 북제北齊 때는 건국사로 불리었으며 당나라 예종 때 중건되면서 상국사로 바뀌었다고 한다. 그 후 북송이 변량으로 도읍을 정하며 그 규모는 점차 확대되었으며 황실의 비호를 받았던 사찰이었다. 금·원대 이후 점차 규모가 퇴락되었지만 전체 배치는 북송대의 면모를 잘 보여주고 있다.

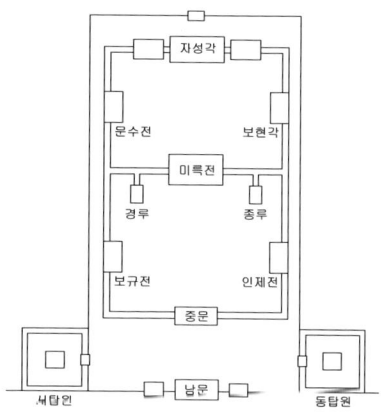

▲ 상국사지 배치도

이 사찰은 고려 때의 승려 의천과 수개가 유학했던 곳이다.

이 사찰의 전체 배치는 앞쪽의 미륵전彌勒殿 공간과 뒤쪽의 자성각資聖閣 공간으로 크게 나누어 볼 수 있다. 정문인 대삼문大三門과 제2·3문, 미륵전, 자성각을 중축선상에 배치하고 대삼문 좌, 우로 서탑원과 동탑원을 배치하였다. 대삼문 뒤쪽에 있는 제2·3문을 들어서면 서측에 보규전寶圭殿, 동측에 인제전仁濟殿이 있으며 미륵전 좌·우로 경루와 종루를 배치하였다. 그 뒤쪽 공간인 자성각 좌·우에는 같은 규모의 평면을 보여주는 도전渡殿이 있고, 좌·우 회랑의 안마당 쪽으로 문수전과 보현각을 배치하였다. 기록에 의하면 상국사의 대삼문(996)과 자성각(931)은 모두 당나라 배치형식을 따른 것이며, 송 인종 천성天聖 9년(1031) 이후 자성각 좌우에 문수전과 보현각이 증축되었다고 한다. 이렇게 당호명이 확인된 가람배치는 우리나라 삼국시대 사찰 배치 비교연구에도 중요한 자료가 된다.

주 개원사 중문에서 본. 상국사지 미륵전 주변 추정 공간

나한원羅漢院은 강소성江蘇省 소
주蘇州의 성내 동남의 쌍탑항에 있
다. 문헌에는 이 탑을 사리탑, 혹은
공덕사리탑이라고 불렀다.

가람의 전체적인 형태는 본전인
나한원의 전면 좌·우로 북송 태
평흥국太平興國 7년(982)에 건립된
쌍탑이 놓여 있다. 이들 두 탑의
평면은 8각이고 누각식 전탑구조
를 이루고 있는데 전체 높이는
13m에 이른다. 탑신의 각층 4면에
는 개방된 문을 설치하였고 나머
지 4면에는 살창을 두었다. 따라
서 윗층으로 올라가며 문과 살창
을 번갈아 써서 채광이 용이하도
록 하였다. 창문 위로는 창방을 설
치하고 그 위에는 두공斗栱을 결구
하였다.

▲ 소주 나한원 전탑 상륜부

상륜부는 철제로 되어 있으며 탑
전체 높이에서 약 1/4 정도를 차지하
고 있어 다른 탑에 비하여 높은 편이
다. 이러한 비례는 중국 고탑古塔에
서 드물게 보이는 현상이며,[8] 한국

▲ 소주 나한원 전탑 1층 옥개석

8) 羅哲文, 『中國古塔』, 外文出版社, 中國, 北京, 1994, P79

▲ 소주 나한원 전경

에 있는 안동 신세동 전탑, 여주 신륵사 전탑 등과 비교해도 매우 고준한 느낌을 준다. 또한 한국에서는 경주지방을 중심으로 감은사지, 불국사 등 쌍탑이 배치되는 경우가 비교적 많은 편이지만 중국에서는 쌍탑이 배치되는 경우가 매우 드물다. 따라서 이 나한원 건물지에 남아 있는 기단석과 초석, 돌기둥 등은 당시의 건축을 연구하는데 좋은 자료가 된다.

▲ 소주 나한

▲ 소주 나한원 돌기둥

▲ 영은사 전경

　영은사靈隱寺는 절강성 항주시 서자호반의 비래봉 아래에 있다. 입구에서
계곡을 따라 오르는 좌측 암벽에는 수십기의 불상이 조각되어 있어 이 지역
불교사원의 대표성을 보는 듯 하다.

　기록에 따르면 이 절의 초창은 동진東晉 함화咸和 원년(326) 인도승 인혜리人
慧理 주지가 창건하였다. 오대 오월국吳越國 때에는 매우 성황을 이루어 9개의
루樓, 18개의 각閣, 22개의 불전과 3000여명의 승려가 있었다고 한다. 송나라
이후에는 이 영은사를 영은산경덕사靈隱山景德寺,
경덕영은사景德靈隱寺 등으로 불리기도 했다.
청나라 강희康熙 황제가 친히 편액을 내려
운림선사雲林禪寺라고 하였다.

　지금 이 절의 건물들은 대부분 청나라 가경
嘉慶21년(1816) 이후에 재건된 것이다.

▲ 영은사 대웅전 벽면 용장식

영은사의 주요 건물은 남북축선상에 위치하는데 전면에서부터 천왕전天王
殿, 대웅전, 연등각聯燈閣, 대비각大悲閣이 있고 동서에 회랑을 둘렀으며 서회
랑 밖에는 상방(廂房·승방)이 있다. 대웅전 동서 양측에 놓인 팔각구층석탑은
북송 건륭원년建隆元年(960)에 건립되었다. 이 탑에는 당시의 목조건축 두공斗
栱을 묘사하였는데 실물과 거의 같은 정교함을 보여주고 있어 당시 목조건
축연구에 귀중한 자료가된다.

대웅전 동서에 쌍탑을 배치한 예는 소주시의 나한원과 비교 될 수 있어 이
시기 중국 강남지방에서 유행했던 하나의 사찰 배치수법으로 보인다. 또한
이 사찰 천왕문 동서 양측에는 북송 개보開寶 2년(969)에 제작된 석당이 있어
당시 이 사찰의 사적을 전해주고 있다.

▲ 영은사 동탑 1층 두공 상세

▲ 영은사 동탑 1층 옥개석과 난간

▲ 영은사 동탑 1층 탑신 기둥 상세

영은사 동탑 전경 ▶▶

▲ 국청사 관음전 전경

국청사國淸寺는 절강성 천태현 성북의 천태산 중턱에 있다. 이 절은 중국 불교 천태종의 발상지이며 일본과 한국 천태종의 발원지이다. 창건은 진晉 태건太建 7년(575) 지의법사智顗法師에 의해 건립한 초암草庵에서부터 시작된다. 그 후 수나라 개황開皇 11년(598)에는 천태사로 개칭되었고 대업大業 원년(605) 국청사의 편액을 받았다. 그 후 국청사는 심하게 훼손되었다가 청나라 옹정雍正 12년(1734)에 중건되었고 1973년 전면적인 수리를 거쳤다. 이 사찰의 전체적인 배치布局는 하천의 다리를 건너면 동향한 자연경사를 따라 대웅전, 방장루方丈樓가 주축을 이루고 그 주위로 4전殿, 5루樓, 미륵전, 우화전雨花殿, 관음전觀音殿, 종루鐘樓, 고루鼓樓,

▲ 국청사 현판

▲ 국청사 입구 홍예교

영탑루迎塔樓, 장경루藏經樓, 안양당安養堂, 묘법당妙法堂, 객당客堂, 매정梅亭, 청심정淸心亭, 정관당靜觀堂, 선당禪堂, 수죽헌修竹軒 등이 있다. 그러나 대부분의 건물이 근년에 건립되어 당초의 모습을 찾아보기는 힘들다. 그리고 사찰의 맞은 편 산중턱에 있는 6면 9층의 전탑은 총높이가 59m인데 탑에는 많은 불상들이 조각되어 있다. 이 탑의 조성연대는 수나라 시기라고 하며 일반적으로 수나라탑이라고 부른다. 그러나 탑의 조형과 내부 결구수법으로 볼 때 송대 탑으로 보고 있다.[9]

국청사 탑의 배치는 나한원이나, 영은사의 동·서양측에 놓인 쌍탑배치에서 벗어나 산지가람에서 나타나는 자유로운 형태를 취하고 있다. 전탑은 중국의 불탑건축에서 많이 나타나는 재료적인 특성으로 그 세부 결구수법과 기법은 다방면에 걸쳐 건축사 연구에 중요한 위치를 차지하고 있다.

---

9) 羅哲文, 劉文淵, 劉春英, 上揭書.

▲ 오탑사 전경

오탑사五塔寺는 북경의 구성강락가舊城康落街 남쪽에 있다. 이 탑은 정방형의 높은 단에 세워져 있다. 석탑 아래의 금강보좌 아래 부분은 매우 아름답고 섬세한 부조로 장식되어 있다. 탑의 남쪽 부분에 하나의 문이 있으며, 그 문은 한백옥석漢白玉石으로 이루어져 있고, 부조로 장식되었다. 탑에 새겨진 문양들은 불상, 사자, 공작, 법륜, 코끼리, 용, 비천, 금강, 사천왕상, 악기 등 여러 종류들이다. 탑에 새겨진 문양들은 각각의 의미를 지니고 있다. 코끼리는 존귀함, 사자는 용맹, 물고기는 풍요를 의미하고 법륜은 끊임없이 흐르는 윤회를 상징한다. 문 위의 편액에는 몽고, 하나라, 장족 등의 3종류의 문자로 '금강좌사리보탑金剛座舍利寶塔'이라고 적혀 있다.

금강보좌는 모두 7층으로 되어 있는데, 제1층은 몽고, 장족, 인도의 3종류의 언어로 쓰인 금강경문이 있으며, 위로 오르면 각층마다 불단을 만들어 놓고 그 위에 불상을 하나씩 올려 놓았는데, 모두 합치면 천여개나 된다. 5층 남쪽에 있는 문안으로 들어가면 좁은 계단으로 이어져 보좌 꼭대기 부분으로 올라갈 수 있다. 5개의 탑 중 가운데 탑이 제일 높다. 탑의 북쪽에 있는 돌에 새겨진 그림은 매우 진귀한 것인데, 그것은 청나라 옹정雍正 5년(1725)에 새긴 천문도이다. 그 천문도에는 몽골문으로 각종 천문 명칭을 새겨 놓았다. 이는 중국 내에서 발견된 유일한 소수민족의 문자로 천문을 표시한 천문도이고, 각주 형태를 지니고 있으므로 매우 가치있게 평가되고 있다.

▲ 오탑사 중앙탑에 표현된 합장인

▲ 오탑사 중앙탑 감실 상세

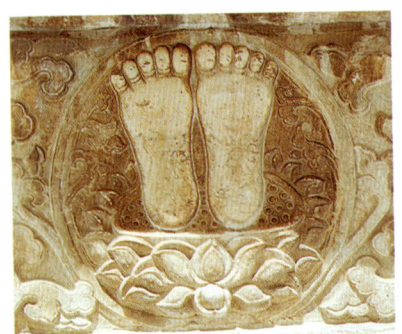
▲ 오탑사 중앙탑에 표현된 불적

▲ 오탑사 사적비

▲ 오탑사 서북측탑 전경

벽운사碧雲寺는 북경 서쪽 외곽 향산 동암에 있다. 이 사찰의 경관은 매우 아름다우며, 사내寺內에는 전국 최대 규모의 금강보좌탑이 있다. 벽운사의 창건은 원대元代이고, 명나라 정덕正德 연간(1506-1521)에 대대적인 수리를 거쳐서 확정되었으며, 청나라 건륭乾隆 13년(1748) 또 중수를 거쳤다. 사찰 서쪽에 있는 나한전羅漢殿은 중국에서 제일 큰 규모로 알려져 있다. 사찰의 전체 배치는 삼문을 들어서면 천왕전(=彌勒殿), 대웅전, 보살전, 보명묘각전普明妙覺殿이 있는데, 일명 중산기념당이라고 한다. 중산기념당中山記念堂은 1925년 쑨원孫文 선생이 북경에서 서거하여 이곳에 모셔지면서 그의 호를 따서 유래되었지만, 1929년 쑨원 선생의 유해는

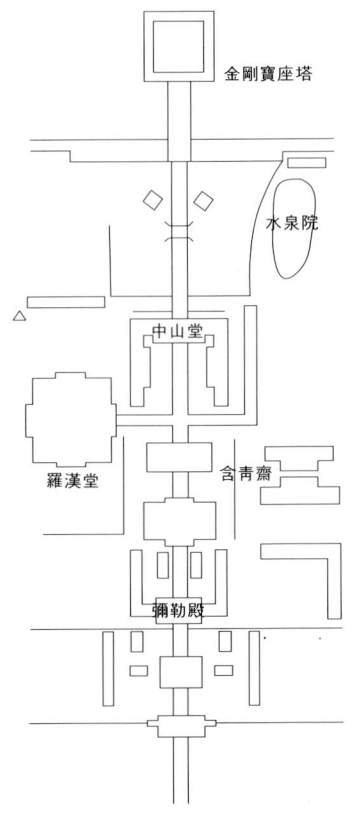

▲ 벽운사 배치도

남경으로 옮겨졌다. 금강보좌탑의 높이는 34.7m이며, 전부 한백옥석漢白玉石으로 조성되었고, 탑 앞쪽에는 한 쌍의 사자가 배치되어 있다. 그리고 그 앞쪽에 유리패방琉璃牌坊이 있으며, 그 앞쪽에 비각 내에는 만족, 몽골족, 한족, 상족의 문자가 쓰여져 있고, 청나라 건륭황제가 쓴 금강보좌탑비명이 있다. 나한전의 평면은 田자형이며, 오백나한은 과거불, 현재불, 미래불, 지장왕 등으로 분류되고 있다. 이 나한전에 들어가서 자기 모습과 닮은 나한 앞에서 소원을 빌어야 소망이 이루어진다고 한다.

▲ 벽운사 입구

▲ 벽운사 나한전

▲ 벽운사 금강보좌탑 앞 석패루

◀ 벽운사 나한전 내부

▲ 벽운사 금강보좌탑

벽운사 금강보좌탑 조각 상세 ▶

▲ 운거사 전경

　운거사云居寺는 북경시에서 서쪽으로 75km 떨어진 곳에 있다. 수나라 때 지
천사智泉寺의 승려 정완靜琬이 창건하였다. 운거사는 중심축선 상에 천왕전,
비로전, 대웅보전, 미타전과 대비각이 있고 그 양쪽으로 배전과 승방이 있다.
수·당 시기에는 매우 번성한 사찰이었으나, 오대 이후에 화재로 인해 소실
되었고, 요·금·원 시기에 중수를 거쳤다.

　사찰 경내의 북쪽에는 북경지역에서 제일 오래된 요나라탑이 있고, 4개의
당나라탑이 있다. 그 중 요
나라탑의 높이는 30여 미터
이고, 4개의 당탑은 요나라
탑의 네 귀퉁이에 놓였는
데, 그 높이는 10여 미터 정
도이다. 이 5개의 탑은 하나
의 탑원塔院을 이루고 있다.

▲ 운거사 7층석탑 옥개석 상세

이러한 모습은 금강보좌탑과 유사하다. 운거사 진열관에 보관된 석경石經은 4,196개이다. 그리고 이 탑원에 있는 7층탑의 옥개석은 우리나라 경주 지방에 있는 신라시대 석탑의 옥개석과 비슷한 곡선을 보여주고 있어 당나라와 신라의 석탑 연구에 귀중한 자료가 되고 있다. 또한 입구에 있는 석당의 탑신塔身에는 이 절의 사적이 기록되어 있고, 7층으로 된 팔각형의 옥개석은 우리나라의 팔각원당형 부도를 연상하게 한다.

▲ 운거사 7층석탑

▲ 운거사 전탑

▲ 운거사 석당

▲ 석경이 보관된 운거사 진열관

▲ 계태사 전경

　계태사戒台寺는 북경에서 서쪽으로 35km 떨어진 마안산馬鞍山에 있으며 중
국의 유명한 율종 사원이다. 계태사는 당나라 고조 무덕武德 5년(622)에 창건되
었고, 당시에는 혜취사慧聚寺라고 불리었
다. 그 이후 원나라 말년에 계태사가 소
실되어 명나라 선덕宣德 9년(1434)에 중건
되었고, 명나라 영종 정통正統 13년(1448)
만수사萬壽寺로 개명되기도 하였다.

　계태사는 동향한 가람으로 산세의 중심
축선상에 삼문, 천왕전, 대웅보전, 천불각
과 관음전이 놓이고, 삼문에는 두 구의 소
조상이 놓여 있다. 이들 건물 중 대웅보전
은 계태사의 정전이고 대웅보전 양쪽에
또 가람전과 조사전, 설선당이 있다. 대웅

▲ 계태사 전탑 전경

보전 뒤로 천불각이 있는데, 삼층으로 평면은 장방형이고 높이는 20m이다. 계태단은 한백옥석을 사용하였으며, 평면은 정방형이고, 3층으로 되어 있으며, 전체 높이는 30.5m이다. 계태사의 바깥 쪽에는 3개의 석당이 있고, 그 중 2개는 요대의 것이다. 경내의 앞쪽으로 탑원이 있는데, 요대의 탑과 원대의 탑이 비교적 완전하게 보존되어 있다. 이 사원은 전체적으로 자연경사를 따라 건물이 배치되어 있으며, 산중턱에 위치하여 사방이 매우 넓게 트여 있다.

◀ 계태사 대웅보전

▲ 담자사 조감도

담자사潭柘寺는 북경에서 서쪽으로 약 40km 떨어진 보주봉 아래에 있다. 담자사의 창건은 진대晋代(265~316)라고 하며, 창건시에는 가복사嘉福寺라고 불리었다. 당나라 때에는 용천사龍泉寺로 개명하였으며, 금대 황통연간皇統 年間(1141~1148)에는 만수사萬壽寺라 하였다. 명나라 천순天順 원년(1457)에 원래의 명칭인 가복사로 바뀌었고, 청나라 강희연간康熙年間(1662~1722)에 대규모의 수리가 있고 난 이후 담자사라 불리었다. 가람의 전체배치는 중심축선 상에 목재패방木材牌坊이 있고, 삼문을 들어서면 천왕전이 있는데, 천왕전 안에는 미륵불이 있고, 사방으로 사천왕상이 배치되어 있다. 삼문 뒤에는 대웅보전이 있는데 중층이고, 우진각지붕이다.

담자사의 삼문 아랫단 약 250m 떨어진 평탄한 곳에 탑원이 형성되었고, 이곳에는 원형 혹은 육각형의 밀첨식 부도 48기가 있다. 이 부도는 금·원·명시기 이 절의 유명한 스님들의 부도이다. 그 중 최고最古 부도는 금대(1138~1140)의 해운선사탑海云禪師塔이다. 대정연간大定年間(1161~1189)에 만들어진 통리선사탑通理禪師塔이 있는데, 이미 800년이 경과되었다. 그 중 유명하였던 묘엄대사탑妙嚴大師塔은 이미 600년의 역사를 가지고 있다. 탑원은 상·하로 구분되어 있으며, 사찰의 경내 공간은 자연경사를 따라 매우 정제되어 있어 한국의 산지사찰을 연상하게 한다.

▲ 담자사 광혜통리선사탑 전경

▲ 담자사 광혜통리선사탑 귀두공 상세

▲ 담자사 탑원

▲ 담자사 대웅보전

현존 사찰을 통해 본 중국의 가람

남선사南禪寺는 당나라 때의 고찰로 산서성 오태현에서 남쪽으로 22km 떨어진 이가장 서쪽에 있다. 남선사 대전은 남 · 북축선상에 배치되어 정면으로 산문, 그 좌우로 용왕전, 보살전이 놓여 전체 배치는 사합원형四合院型을 이루고 있으며 대전 서측 담장에 출입문을 설치하였다.

주위에는 모두 흙벽의 담장을 둘렀으며 담장 밖 서측에는 승방이 있었지만 지금은 관리인이 생활하는 공간으로 바뀌었다. 대전은 당 덕종德宗 건중建中 3년(782)에 창건되었으며 중국에서 가장 오래된 불전 중의 하나이다.

이 건물은 1974년 8월 해체수리를 시작, 그 다음 해 8월까지 1년간에 걸쳐 수리공사를 했다. 이 때 기단부, 창호, 치미 등은 고증과정에서 당나라 풍격을 지닌 모습으로 바뀌어졌다.

▲ 남선사 대전 전경

▲ 남선사 주변 원경

▲ 남선사 대전 서측면

기둥을 둘러싸고 있는 벽체 하단부에는 14단의 전돌을 쌓아 비바람에 견딜
수 있게 하였으며 그 위에는 두터운 토벽을 쌓아올렸다. 평주기둥은 모두 벽
체 속으로 들어가 귀기둥의 일부를 제외하고는 모두 창방결구 부분에서만
일부가 보인다.
　기둥 위에만 두공이 결구되었고 외목도리 하부에는 단장혀를 사용하였다.
우리나라 봉정사鳳頂寺 극락전과 비교해 볼 수 있는 아담한 건물이다. 중국
사찰에서는 일반적으로 대웅보전 기단 앞쪽에 월대와 같은 넓은 공간이 마
련되어 우리나라 사찰과 다른 모습을 보여준다.

▲ 남선사 대전 귀두공

▲ 남선사 대전 내부 가구

▲ 남선사 대전 귀기둥

▲ 남선사 대전 정면 두공

▲ 남선사 대전 정면 어칸

▲ 남선사 대전 중방 상세

▲ 남선사 대전 귀초석

▲ 남선사 대전 남문과 벽

▲ 남선사 대전 배면 두공

▲ 남선사 대전 정면 문지방

▲ 남선사 대전 회랑 두공

▲ 남선사 대전 회랑 가구

불광사佛光寺는 산서성 오태현 동북 태외두촌의 산중턱에 있으며 당나라 때 중요한 화엄종華嚴宗 사찰의 하나였다. 사찰은 자연지세를 따라 동·서로 배치되었고, 산문을 들어서면 좌측편인 북쪽에 금대 천회天會 15년(1137)에 건립된 문수전文殊殿이 있다. 기록에 의하면 이 건물과 대칭되게 남쪽으로는 관음전觀音殿이 있었다고 하나 지금은 없어지고 청대 이후에 지은 몇 동의 부속건물이 놓여 있다.

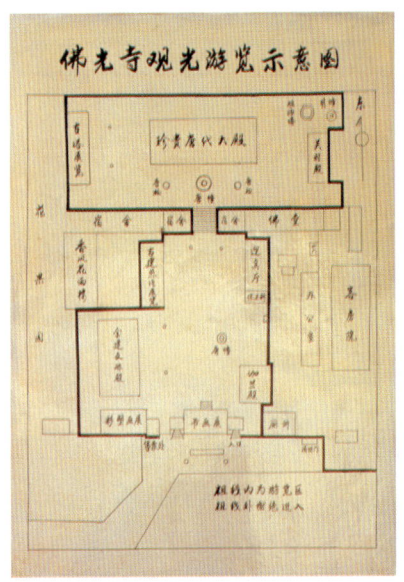

▲ 불광사 배치도

▲ 불광사 대전 전경

문수전과 맞은 편에 있었다고 하는 관음전 사이는 비교적 평탄한 공간으로 이곳에는 원래 북위시대에 지어진 정면 7칸, 3층의 미륵대각彌勒大閣이 있었다고 한다. 이 건물은 회창연간(會昌年間 : 841~846) 억불정책에 의해 철거되고 그 후

▲ 불광사 대전 현판

대중大中 11년(857)에 미륵전지 뒤편 경사진 면에 원성화상愿誠和尙이 현재의 대전을 긴립하였다고 한다. 이 북위시대 미륵전의 자료는 돈황석굴敦煌石窟 송대 제61굴에 묘사되어 있지만 기록과는 건물의 규모가 다르게 그려져 있다.

▲ 불광사 대전 전경

사찰의 지형에서 제일 높은 단에 위치한 대전은 정면 7칸, 측면 4칸으로 정면의 각 칸에는 모두 판문을 달았으며 제일 마지막 양측 협칸에만 살창을 설치하였다. 정면을 판문으로 처리하였고, 남선사 대전과는 다르게 기둥의 배흘림 수법이 잘 나타나고 있지만, 우리나라 고려시대 목조건물의 배흘림과는 다른 모습을 보여주고 있다.

▲ 불광사 대전 귀두공 상세

기둥 위에는 비교적 큼직한 주두를 놓고 외부로 중첩된 교두형 첨차 위에 2개의 하앙 下昂을 올려 놓고 외목도리 하부에서 행공첨차와 단장혀로 마감하였다. 기둥과 기둥 사이에는 도리방향의 첫 번째 중방

▲ 불광사 대전 측면 두공

위에 외부로 중첩된 교두형 첨차를 놓고 하앙이 결구되지 않은 간결한 형태의 두공을 짰다. 기둥과 두공, 문얼굴 등과 어우러진 축부는 간결하면서도 건실한 느낌을 준다.

▲ 불광사 대전 전면 두공

▲ 불광사 대전 배면 두공

▲ 불광사 대전 귀기둥과 귀두공

▲ 불광사 문수전 전경

▲ 불광사 문수전 처마부

▲ 불광사 문수전 어칸 상세

▲ 불광사 문수전 배면

▲ 불광사 문수전 현판과 두공

▲ 불광사 문수전 박공 상세

▲ 불광사 조사탑

▲ 불광사 문수전 박공부

▲ 불광사 조사탑 내 조사상

▲ 독락사 관음각 전경

　독락사獨樂寺는 천진시 계현성 내 서문리에 있다. 문헌기록에 의하면 요遼 통화統和 2년(984)에 창건되었다고 한다. 현재의 가람은 남·북축선상에 산문과 관음전이 놓이고 그 동·서 양측으로 승방이 배치되었다. 산문과 관음전은 청대에 수리를 거쳤다고 하며 1995년부터 3년간에 걸쳐 관음전이 수리되었는데 창건 당시의 모습을 그대로 간직하고 있는 중요한 건물이다.

　건물내부의 중심부는 통층으로 되어 있지만 내진주와 외진주 사이 1, 2층 공간은 암층으로 되어 있고 계단을 통해서 2층으로 오르게 하였다. 기둥과 기둥은 차주조 기법으로 연결되었다. 이 지방 평지에 남아 있는 요대의 중요한 사찰로 경내에는 탑이 배치되지 않아 이 시기에 이미 탑이 없는 사찰도 많이 있었던 것으로 볼 수 있다.

▲ 독락사 관음각 벽화

▲ 독락사 관음각 차주조 결구 상세

▲ 독락사 입구에서 본 전경

▲ 독락사 관음각 내부계단

▲ 독락사 관음각 하앙

▲ 독락사 산문

▲ 독락사 산문 내부가구

보국사保國寺는 절강성 지역에서 제일 오래된 사찰로 북송 대중상부大中祥符 6년(1013)에 건립되었다. 입구의 가파른 계단을 오르면 계류를 이용한 연지를 지나 천왕전天王殿으로 들어가게 된다. 사찰의 전체 배치는 자연경사를 따라 남북축선상에 천왕전, 대웅보전, 대비각을 놓고 대웅보전의 동·서측에는 승방을 두고, 서측 승방의 서북쪽으로 장경각을 배치하였다.

천왕전과 대웅보전 사이공간에는 잘 다듬은 장대석으로 아름다운 방지方池를 만들어 연꽃을 심어 놓았고 방지의 동·서측에는 종루

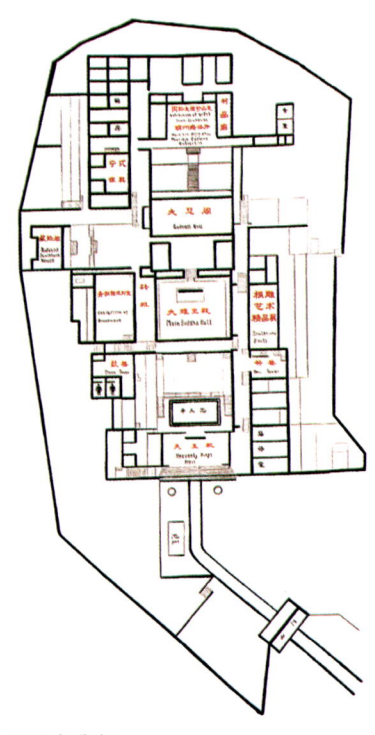

보국사 배치도

鐘樓와 고루鼓樓를 배치하였다. 방지의 양측에는 대웅전으로 올라가는 계단을 설치하였다.

이 사찰의 법전인 대웅보전은 나즈막한 기단 위에 정면 3칸, 측면 3칸의 방형평면을 하였으며 청대에 건물 앞쪽에 차양칸을 덧달아 내었다. 기둥 위에는 십자로 중첩된 교두형 첨차를 짜고 그 위로 하앙을 결구하였다. 건물바닥에는 모두 전돌이 깔려 있으며 비교적 춤 높은 원형 초석을 사용하였다. 내부 고주高柱는 여러 개의 작은 기둥을 묶어 기둥의 단면적을 늘리는 특이한 수법을 보여주고 있다. 내부천장은 각 주칸마다 천장 안으로 천개조정天蓋藻井을 짜아 화려한 느낌을 준다.

▲ 보국사 천왕문

▲ 보국사 대전

▲ 보국사 천장 장식

▲ 보국사 두공

▲ 보국사 팔과형 기둥

▲ 봉국사 전경

봉국사奉國寺는 요령성 의현성 동쪽에 있는 평지사찰로 요遼 개태開泰 9년 (1020)에 창건되었다. 가람의 전체 배치는 남북축선상에 입구에서부터 산문, 패루牌樓, 무량전無量殿, 대웅전이 축을 이루고 있으며, 대웅전 북편에 있었던 강당자리는 지금 초등학교로 변해 있다.

대웅전은 창건당시의 건물로 화강석의 높은 월대 위에 놓여 있다. 일반적인 사찰에서는 산문을 들어서면, 층계를 올라 사찰 공간으로 진입하는 것이 보통이지만, 이 사찰은 계단을 내려가도록 되어 있다. 이는 창건 당시부터 이러한 지형을 했던 것으로 보인다. 산문과 패루 사이의 양측 공간에는 기단 석열과 초석 등의 유구가 보이고 있어 창건 당시에는 회랑이 있었던 것으로 추정된다.

▲ 봉국사 대전 전경

▲ 봉국사 대전 측면

▲ 봉국사 대전 정면 두공

▲ 봉국사 대전 내부 불상

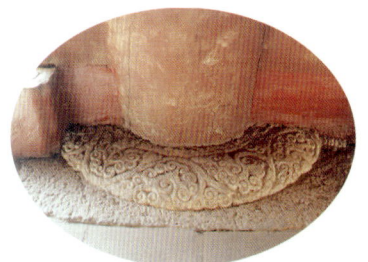

▲ 봉국사 대전 초석

▲ 봉국사 대전 내부 불상

▲ 상화엄사 대웅전 전경

화엄사華嚴寺는 산서성 대동시에 있으며 상화엄사上華嚴寺와 하화엄사下華嚴寺가 동일 공간 내에 있다. 하화엄사 박가교장전은 요遼 중희重熙 7년(1038)에 건립되었고 상화엄사는 1140년에 건립되었다. 하화엄사는 상화엄사의 서남쪽에 있는데 박가교장전薄伽敎藏殿과 해회전海會殿 등의 건물로 구성되었다. 상화엄사와 비교해 볼 때 비교적 자유로운 배치를 보여주고 있다. 그중 박가교장전은 불교경전이 보관되어 있는 곳이다.

한국에도 통일신라시대에 창건된 동일명칭의 화엄사가 전남 구례에 있는데 이 사찰에도 각황전과 대웅전이 가람의 양축을 이루고 있어 대비가 된다. 그러나 한국의 화엄사는 산지에 위치해 있고 중국의 화엄사는 평지에 있어 가람배치의 기본적인 축은 다르다. 또한 한국에는 충남 청양 장곡사와 같이 동일 사찰 내에 지형에 따라 위쪽에 상대웅전이, 아래쪽에 하대웅전이 있는 경우도 있다.

▲ 상화엄사 내부 불상

▲ 상화엄사 내부 불상

▲ 상화엄사 대웅전 어칸   ▲ 상화엄사 내부 금강합장인상

▲ 하화엄사 박가교장전 전경

▲ 하화엄사 박가교장전 내부

▲ 하화엄사 박가교장전 초석

▲ 융흥사 마니전 전경

융흥사隆興寺는 하북성 정정현에 있으며 수隋대에 창건된 사찰로 초명은 용장사龍藏寺이었으나 청 강희년간康熙年門 지금의 사명으로 개칭되었다. 가람의 전체 배치는 남북 축선상에 입구에서부터 조벽照壁, 석교, 산문, 대각육사전지大覺六師殿址, 마니전摩尼殿, 계단戒壇, 불향각佛香閣, 미타전彌陀殿이 놓였다. 최고의 건물은 북송 황우皇祐 4년

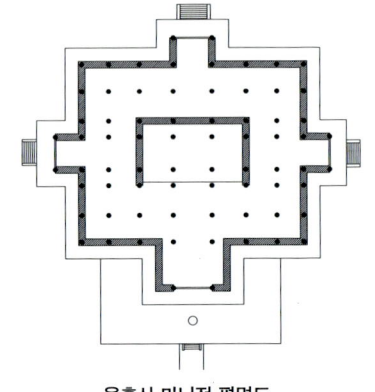

융흥사 마니전 평면도

(1052)에 건립된 마니전이다. 이 건물 뒤의 계단과 불향각 사이 양측에는 자씨각慈氏閣과 전륜장전轉輪藏殿이, 그 뒤 양쪽에는 비정碑亭이 놓였다. 또 불향각의 동·서·중앙에는 가람전과 조사전이 놓이고 가람전 후측에는 승려들의 생활공간이 배치되었다. 송대

평지에 건립된 사찰 중에서 주전과 부속건물이 거의 완전히 남아 있는 장축長軸의 평면을 가진 가람 중 하나이다.

융흥사 마니전 귀기둥 ▶

▲ 융흥사 마니전 두공

▲ 융흥사 자씨각

▲ 융흥사 전륜장전

▲ 융흥사 전륜장전 내부

▲ 융흥사 마니전 초석

불궁사는 산서성 대동시에 있으며 요遼 청령淸寧 2년(1056)에 창건되었는데 원명은 보궁선사寶宮禪寺였다. 창건 후 금대 명창明昌 2~6년(1191~1195)에 대규모 수리가 있었고 그 후 원대 연우延祐 7년(1320), 명대 정덕正德 3년(1508), 청대 강희康熙 61년(1722), 동치同治 5년(1866)에 걸쳐 수차례 보수되었다.

그리고 1926년 한차례 피해를 입었으나 곧 복구되었다. 그 후 1953년 불궁사 전문보호기구가 설립되었고 1961년 우리나라 국보급에 해당되는 '전국 중점문물보호단위'로 지정되었다.

가람의 전체 배치는 남북축선상에 석가탑과 대웅전이 있고 그 주변으로 수많은 건물들이 배치되었던 것으로 추정해 볼 수 있으나, 지금은 석가탑과 소규모의 대웅전만 남아 있어 창건 당시의 규모를 자세히 알 수 없다.

탑의 전체평면은 팔각형으로 3.86m 높이의 기단 위에 놓였는데 1

▲ 불궁사 석가탑

▲ 불궁사 석가탑 남측 축부

층의 직경은 30.27m이며 외관은 5층이지만 건물내부로 4층의 암층이 있어 단면 층수로만 보면 9층이 된다. 1층에는 차양칸에 해당되는 부계副階를 설치하여 외진벽체 사방으로는 틔어 있는 공간이 되었으며, 남·북 방향에만 출입문을 설치하였다. 이 건물에 사용된 두공斗栱의 종류는 주두포삭 10종, 보간포작 29종, 귀포작 15종으로 54포작이나 되며 각 층의 기능에 맞게 새로운 결구기법이 사용되었음을 알 수 있다. 5층 지붕 위에는 9.9m의 철제상륜부가 설치

▲ 불궁사 석가탑 내부계단

되었다. 탑의 전체높이는 67.1m이다. 근년 들어 서북쪽으로 약간 기울어지는 현상을 보이고 있어 목탑의 보수방안이 연구되고 있다.

▲ 불궁사 석가탑 적층구조

▲ 불궁사 남문 입구

▲ 불궁사 대웅전 일곽

불궁사 중수비 1 ▶

불궁사 중수비 2 ▶

불궁사 기단의 태극문 ▶

▲ 불궁사 석가탑 1층 귀두공

▲ 불궁사 석가탑 1층 두공

▲ 불궁사 석가탑 내부 3층

▲ 불궁사 석가탑 내부 3층 불상

▲ 연복사 대전 전경

연복사延福寺는 절강성浙江省 무의현武義縣 도계촌陶溪村에 있다. 사찰의 전체 배치는 남북축선상에 천왕문과 대웅보전이 중축선을 이루고 그 주위로 부속건물이 배치되었다. 이 사찰의 법전인 대웅보전은 원元 연우延祐 4년 (1317)에 창건되었다고 하며 명·청대에 수리를 거쳤다.

건물의 평면은 정면5칸(8.51m), 측면4칸(8.61m)으로 정면과 배면에만 출입이 가능하도록 2분합문을 달았으며 양측 협칸에 비하여 어칸이 넓고 기둥은 두터운 벽체 속에 감추어져 보이지 않는다. 건물의 가구는 외진주와 내진중고주에 퇴량을 걸치고 내부중앙에 4개의 고주를 세워 중층을 형성하였다. 처마 기둥 위에 놓인 1층 포작은 교두형 첨차로 중첩되게 짜아 그 위에 홍예보를 올려놓았고 1층 추녀는 중고주 위에 결구되었다.

중고주 위에는 1층에서와 마찬가지로 중첩된 첨차를 놓았고, 고주 사이에는 아름다운 홍예보를 결구하였다. 이 홍예보의 중간에서는 내진고주에서 길게 빠져나온 2개 하앙의 뒷뿌리와 결구하여 포대공을 짜았고 이 포대공 위에 곡이 심한 우미량을 걸어 고주 위로 연결하였다. 이 고주와 고주 사이에는 대량을 짜고 그 위에 종보를 올려놓았다. 내진주고주와 고주 홍예보 위에 짜아진 우미량은 만곡彎曲이 심하지만 노출된 내부가구에서 건축부재의 건실함을 잘 보여주고 있다. 건물 중앙에 4개의 고주를 배치하여 불단을 형성한 것은 우리나라 충남 예산의 수덕사대웅전과 좋은 비교가 된다.

연복사 대전 내부 가구 ▶

연복사 대전 내부 ▶

▲ 연복사 천왕문

▲ 연복사 천왕문 측면 가구

▲ 헛첨차 기둥이 두드러진 연복사 천왕문 두공

▲ 연복사 불광보조당의 헛첨차

▲ 조경매암 전경

　조경매암肇慶梅庵은 광동성 조경시 서쪽의 낮은 구릉 위에 있으며 입구에
는 이 건물과 관련된 매화나무 고목이 한그루와 천년된 커다란 보리수나무
한그루가 있어 고찰의 풍모를 보여주고 있다. 사찰의 전체공간은 매우 협소
하며 남북축선상에 산문, 대웅보전, 조사전을 배치하고 그 좌우에 부속건물
을 놓았다. 이 사찰은 명明 만력萬曆 9년(1581)에 건립된 비문에 의하여 송宋
지도至道 2년(996년) 선종의 육조六

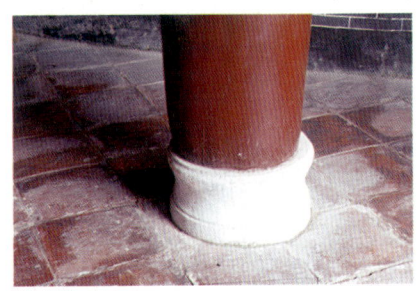

祖 혜능慧能이 창건하였음을 알 수
있다.

　이 사찰의 법전인 대웅보전은 정
면 5칸, 측면 3칸의 맞배집으로 현
재의 모습은 이 지방의 청대건물과
비슷한 모습을 보여주고 있다. 전체

▲ 조경매암 초석

▲ 조경매암 원경

▲ 조경매암 미륵전

평면은 전·후퇴칸을 두고 처마기둥과 내진고주 사이에는 퇴량을 걸치고 기둥과 주칸에는 하앙계 포작의 두공을 짜았다.

　주심포작에서 첫번째 하앙의 뒷뿌리는 주심의 장혀와 결구되었고, 두번째 하앙의 뒷뿌리는 퇴량 위 고주에서 빠져나온 정두공丁斗栱과 결구되었다. 그리고 세번째 하앙의 뒷뿌리는 내진고주상에서 중종보 아래의 우미량牛尾樑과 결구되었다. 여기에 사용된 우미량은 중국 장강 북쪽지역에서는 보이지 않는 기법으로 우리나라 충남 예산의 수덕사 대웅전 측면에서 보이는 우미량과 같은 기능을 보여 주고 있어 이 방면의 연구를 기대해 본다.

▲ 조경매암 회랑 내부

▲ 수덕사 대웅전 우미량

▲ 조경매암 내부 가구

▲ 조경매암 내부 전경

▲ 조경매암 중수비

숭복사崇福寺는 산서성山西省 삭주시朔州市 성내 동북측에 위치하고 있다. 미타전彌陀殿 내의 묵서명에 의하면 금 희종 황통皇統 3년(1143)에 재건되어 명·청대에 수차례 수리를 거쳤고, 1991년 벽화 보존처리가 있었다. 사찰의 주요건물은 남북 중축선상에 산문, 금강전, 천불각, 대웅전, 관음각이 놓이고 천불전 앞쪽 동쪽에 종루, 서쪽에 고루가 놓였다. 천불전 뒷쪽인 대웅전 앞쪽 공간에는 동쪽에 지장전, 서쪽에 문수전이 배치되었다.

이 사찰의 본전인 미타전은 정면 7칸, 측면 4칸으로 정면의 5칸은 꽃살문으로 되어있으며 배면은 3곳에 판문을 설치하였다. 건물의 평면은 처마기둥과 내진기둥으로 구성되어 있으며 처마기둥 위에는 이 시대의 보편적인 교두형 첨차를 중첩되게 짜아 그 위에 3개의 하앙을 결구하였다. 퇴량 아래에 결구된 하앙의 뒷뿌리는 불광사 대전, 독락사 관음각, 보국사 대전 등에서 보이는 하앙기법보다는 하앙의 길이가 짧아지면서 매우 간략화된 수법을 보여주고 있다. 기둥 위에는 우리나라에서 보이지 않는 45° 방향의 매우 화려한 사공斜栱이 짜아져 보

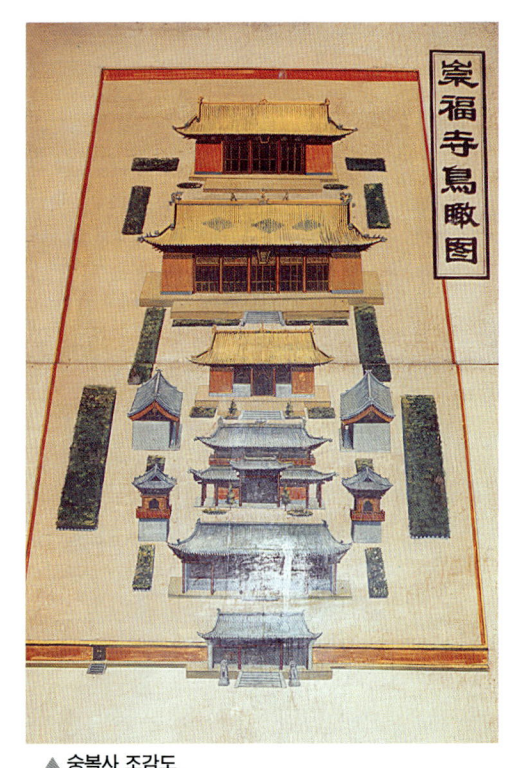

▲ 숭복사 조감도

간 포작과 대비를 이룬다.

▲ 숭복사 미타전 전경

▲ 숭복사 미타전 두공

▲ 숭복사 미타전

▲ 숭복사 미타전 두공 상세

▲ 숭복사 천불전 전경

▲ 숭복사 천불전 난간부

▲ 숭복사 천불전 두공

▲ 숭복사 천불전 두공

▲ 숭복사 삼보전 전경

▲ 숭복사 종루

▲ 숭복사 고루

▲ 선화사 천왕문 전경

선화사善化寺는 산서성山西省 대동시大同市 남문 서측에 위치하고 있다. 속칭 남사南寺라고 부르기도 하며 그 면적이 12,900㎡에 달하여 중국에 남아 있는 금대 사찰 중에서는 제일 큰 규모이다.

이 절의 창건은 당 현종 개원연간開元年門(712~741)으로, 처음에는 개원사開元寺라 불리었다가 오대에 대보은사大報恩寺로 불리기도 하였고 명 정통正統 10년(1445) 중수를 거쳐 현재의 명칭인 선화사로 불리게 되었다. 사찰의 전체 배치는 남북축선상에 산문(천왕전), 삼성전, 대응보전이 중축을 이루고 삼성전三聖殿 동측에 동배전, 서측에 서배전이 놓였고, 대응보전의 동쪽에 동루지東樓址, 서측에 보현각普賢閣이 배치되어 있다. 대응보전 앞쪽에는 우리나라 궁궐 정전의 월대처럼 높다란 기단이 설치되어 동측에 지장전, 서측에 관음전이 있으며, 대응보전의 동서측에서 정면의 산문과 연결되는 회랑이 있었던 것으로 추정된다.

대웅보전의 규모는 정면 7칸, 측면 4칸으로 우진각지붕이며 정면 3칸에는 판문을 달고 그 위에 광창을 설치하였고 사방은 두터운 벽체로 마감하였다. 건물 내부평면에서 첫번째 동·서주열과 세번째 동·서주열 기둥 4개를 감주減柱하여 내부공간을 넓게 사용하는 변화를 가져왔다. 기둥 위의 두공은 교두형으로 중첩되는 첨차를 놓고 그 위에 사공斜栱을 짰다.

사찰 공간의 서측에 놓인 보현각普賢閣은 중층으로 1층과 2층 사이에 암층이 설치되었고 북측에서 2층으로 오르는 계단이 있다. 이러한 누각형 건물에는 요대에 건립된 독락사 관음각(984년)이 있다.

▲ 선화사 입구의 사자상

▲ 선화사 대웅보전 두공

▲ 선화사 대웅보전 신방석

유적을 통해 본 한반도의 고대가람

『삼국사기三國史記』에 의하면 한반도의 불교는 고구려 소수림왕 2년(372) 중국의 전진前秦왕 부견(符堅, 357-385)이 승 순도順道에게 불상과 경문을 보내온 것을 그 시발점으로 보고 있다. 고구려는 불교를 받아들여 375년에 초문사肖門寺와 이불란사伊弗蘭寺를 건립하고 393년에는 평양에 9사를 세우고 478년에는 금강사를 창건하였다. 영류왕(榮留王, 618-642)대에는 중대사, 진구사, 유마사, 연구사, 대승사, 대원사, 대동사, 개원사 등이 있었으며 보장왕대(642-888)에는 연복사와 백록원사, 영탑사, 육왕사 등이 있었음을 기록을 통해 알 수 있다.[1] 그러나 지금 이들 사찰의 정확한 소재지는 알려지지 않고 있으며, 고

▲ **황룡사지 전경**

---

1) 高裕燮, 『韓國塔婆의 研究』, 1975

구려 사지로는 1938년과 1939년 일본인들에 의해 조사된 평양부근의 청암리사지, 상오리사지, 원오리사지가 있고 최근에 조사된 정릉사지가 있다.

백제는 고구려보다 12년 뒤인 침류왕 원년(AD.384)에 동진의 호승胡僧 마라난타摩羅難陀에 의하여 불교가 전래되어 한강유역인 한산漢山에 불사를 조영했다는 기록이 있으나 아직까지 그 유구가 확인되고 있지 않다. 그 후 백제는 지금의 충남 공주와 부여로 환도하여 수많은 사찰을 조영하였다. 지금까지 학술조사를 통해 확인된 사지는 공주지역의 대통사지 등 10여개소, 부여지역의 정림사지 등 20여개소이다. 백제가람의 특징은 남북축선상에 중문, 탑, 금당, 강당을 배치하고 그 주위로 회랑을 두른 비교적 간단한 형태에서 출발하여 이들 배치가 횡축선상에 복합적으로 나타나는 미륵사지와 같은 형태로 발전하였다.

신라는 고구려의 승 묵호자墨胡子, 아도阿道에 의해 처음으로 불교가 전해

▲ 미륵사지 서원 원경

졌지만, 귀족들의 반대로 법흥왕 14년(527) 이차돈의 순교를 계기로 삼국 중 제일 늦게 불교가 공인되었다. 그 후 진흥왕 5년(544) 흥륜사가 완공되면서부터 지금의 경주 부근에는 수많은 사찰이 조영되어 신라가 삼국을 통일하는 정신적인 원동력이 되었다.

신라불교는 삼국통일을 전후하여 원효元曉, 원측圓測, 의상義湘 등을 비롯한 많은 학승과 교화승이 배출되어 불교교리에 대한 연구가 이루어지고 일반대중을 대상으로 포교활동이 펼쳐졌다.

이 시기에 와서 신라불교가 획기적으로 발전하게 된 것은 불교사상을 본격적으로 이해할 만한 사상적 기반이 조성되었기 때문이다. 법흥왕대 양梁의 승려 원표元表가 신라에 사신으로 오게 되어 중국불교와 직접적인 교류가 시작되었다.

신라의 초기불교는 소승불교의 인과설이 중심이었는데 대승경전의 전래와 더불어 점차 윤리적인 대승불교의 교리가 받아들여지게 되었다. 한편 신라의 삼국통일은 신라불교가 비약적으로 발전하게 되는 직접적인 계기를 마련하여 준 것이었다. 즉 신라는 삼국통일을 이룩함으로써 고구려와 백제보다 더 높은 수준의 불교를 통합할 수 있게 된 것이었다.[2]

『중·조 불교문화교류사』[3]에 의하면 통일신라시대에 종파에 의한 고승들의 대당활동 횟수는 선종 74회, 천태종 34회, 유식종 14회, 밀종 10회, 화엄종 7회, 율종 4회, 법화종 1회, 정토종 1회 등으로 분류된다. 이들 종파에 의한 건물배치는 사찰공간 기본계획에 영향을 주었다고 생각되지만 아직까지 이에 대한 학설은 정리되어 있지 않다.

당나라와 많은 학승들의 교류가 있었던 통일신라시대 창건 가람은 경주부

---

2) 金哲埈·崔柄憲, 『韓國文化史』, 一志社, 1987. p249
3) 黃有福·陳景富, 『中朝佛敎文化交流史』, 中國社會科學出版社, 1993

근에도 40여 개소가 된다. 그러나 아직 많은 사지의 대부분은 본격적인 학술 조사가 시행되지 않아 그 유구의 실상을 완전히 파악할 수 없는 실정이다. 지금까지 밝혀진 가람배치의 지형적 특징은 초기에는 평지가람에서 점차 구릉으로 옮겨지고 후기에는 산지가람으로 변화되는 과정을 보여주고 있다. 신라 경덕왕(景德王, 742~764)대에 이르면 전성기에 달하였던 신라불교는 그 후 차츰 침체되어 갔다. 말기에 이를 무렵 새로운 불교의 풍조라고 할 수 있는 선종이 중국으로부터 들어와 산문을 열고 자리를 잡기 시작하였다.

이 선풍은 중국에서 보리달마菩提達磨 이래 종풍이 확립되어 독특한 선풍으로 성립, 발전된 것이다. 이와 같이 중국의 신종이 제6조인 혜능(慧能, 638~713)에 이르러 남종과 북종으로 나누어지면서 그 기세가 극성할 무렵 신라의 학승들이 당으로 가서 선법禪法을 배워 온 것이다.[4] 이때 창건된 사찰은 고려와 조선시대를 거쳐 지금도 그 명맥을 유지하여 오는 사찰이 많으며 대부분 산지사찰이다.

태조 왕건은 고려 건국이 오직 불법의 가호가 있었기 때문에 가능하였다고 생각하여 불교에 깊이 귀의하였으며 국운의 번창을 위하여 많은 사찰을 건립하고 불사를 크게 일으켰다. 이와 같은 왕실의 독특한 불심은 많은 왕자의 출가를 보게 되었다.[5] 이 시기 대표적인 사찰로 개성 부근의 흥왕사와 불일사, 충북 청주의 흥덕사, 전북 남원의 만복사 등이 있다. 이 시기 가람은 이미 전대의 전형적인 배치에서 벗으나 비교적 자유로운 배치를 보여주는 특징이 있다.

조선시대로 접어들면서 태종은 숭유억불 정책을 강행하여 11종의 종단을 7종으로 병합하였고, 전토와 노비의 소멸, 몰수를 감행하였다. 이 시대 가람

---

4) 金煐泰, 『韓國佛敎史槪說』, 經書院, p99, 1993.
5) 金煐泰, 前揭書, p.123

의 특징적인 변화는 사찰 내에 산신각, 독성각, 칠성각 등의 소전각들이 배치되어 있다는 것이다. 이는 토속민간신앙과 관계가 있었던 것으로 보인다.[6]

청암리사지清岩里寺址는 한반도 고대가람 중의 하나로 평양에서 동북쪽으로 약 3km 떨어진 대동강 연안에 있는 서남향한 가람이다. 건물의 배치는 중앙의 팔각전지八角殿址 기단을 중심으로 동·서·북에 건물지가 있고 그 남쪽에 문지門址가 있었던 것으로 알려지고 있다. 중앙의 팔각기단은 전체 폭이 약 23m이고 한 변이 9.5m인데, 그

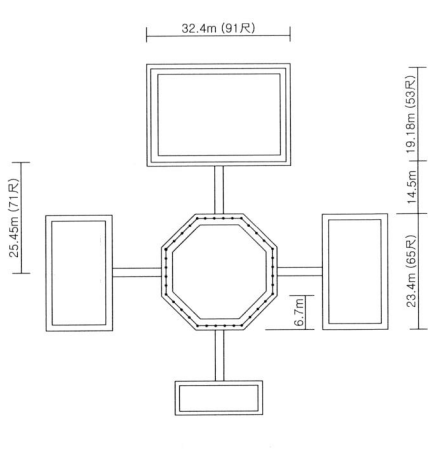

청암리사지 평면도

주위로는 70cm 범위로 활석을 깔아 낙수받이 시설을 하였다. 이 절 중심곽의 규모는 동서가 100m, 남북이 150m정도이다.

상오리사지上五里寺址는 청암리사지와 마찬가지로 평양에서 10km 떨어진 대동강변에 위치하고 있다. 사지의 중앙에는 청암리사지처럼 한변이 8.2m 되는 팔각전지가 있고 그 주변에는 90cm 너비의 낙수받이 시설이 노출되었다. 이 건물지 기단에서 동서 4m 떨어진 곳에서 또 다른 건물지 기단이 노출

---

6) 金鉉埈은 『寺刹 그속에 깃든 意味』 教保文庫, 1991에서 山神閣, 獨聖閣, 七星閣이 寺刹내에 건립되기 시작한 것은 조선중기 이후, 아무리 빨라도 임진왜란 이전으로 거슬러 올라가는 것이 없다는 사실을 밝히고 있다.

되었는데 그 규모는 동서 12.6m, 남북 25.8m이다. 중앙의 팔각전지는 목탑
지로 추정하고 있는데 기단 석열石列이 2단으로 되어 있는 것으로 보아 차양
칸이 있었던 건물로 보인다.

정릉사지定陵寺址는 평양시 역
포구역 무진리에 있는 동명왕
릉에서 남쪽으로 120m 정도 떨
어져 있으며, 동명왕릉과 관련
된 유적으로 보고 있다.
　절터의 중심곽 규모는 동서
200m, 남북 130m인데 이 중심
곽을 중심으로 좌우에 2개의 원

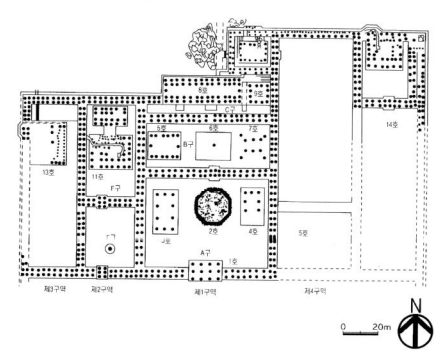

정릉사지 배치도

院을 배치하고 각 원은 회랑으로 둘렀다. 이들 공간 중 중앙구역은 동서가
67m로 그 중앙의 팔각전지를 중심으로 동·서·북으로 건물을 배치하고 남
쪽으로는 중문을 두었다. 팔각전지의 중심폭은 20m이고 한 변은 8.4m인데
사방으로 출입을 위한 시설이 확인되었다.[7] 이 절터에서는 여러가지 문양의
와당이 출토되었고 특히 ‘고구려高句麗’, ‘능사陵寺’ 등의 명문와銘文瓦가 출
토 되었다.

미륵사지彌勒寺址는 전북 익산군 금마면 기양리에 있다. 이 절의 창건설화
에 관한 『삼국유사』 무왕(武王, 600~641)조에는 다음과 같은 기록이 있다.
　“하루는 무왕이 부인과 함께 사자사獅子寺에 가려고 용화산龍華山 밑의 큰

---

7) 리화선, 『조선건축사』, 평양백과사전종합출판사, 1989.12

못가에 이르니, 미륵삼존彌勒三尊이 연못에서 나타나므로 수레를 멈추고 배례하였다. 부인은 왕에게 말하기를 '이곳에 큰절을 세우기를 원하는 바입니다.' 하니 왕이 그것을 허락하였다. 지명법사知命法師를 찾아가 못을 메울 것을 물었더니 신통력으로 하룻밤 사

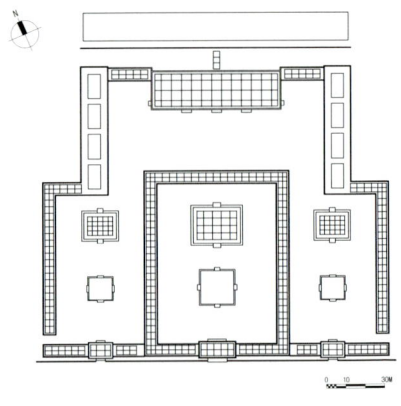

미륵사지 전체 배치도

이에 산을 무너뜨려 못을 메워 평지를 만들었다. 이에 미륵삼존을 법상法像으로 하여 불전과 탑塔, 낭랑廊, 무廡를 각각 세 곳에 세우고 절의 이름을 미륵사라 했다. 이에 진평왕眞平王은 백공百工을 보내어 이를 도왔는데 지금도 그 절이 있다.[8]

가람의 전체적인 배치는 기록에 보이는 용화산을 배산背山으로 남북축의 중축선상에 중원을 두고 그 좌우에 다시 동원과 서원을 배치하고 각 원의 앞쪽에는 남문을 두었다. 각 원의 금당 앞에는 탑을 두었다. 중원의 목탑을 중심으로 그 횡축선상인 동·서원에 석탑을 배치하여 삼원병렬식三院竝列式의 가람을 이루었다. 지금 사원에 반파半破된 채 남아 있는

▲ **미륵사지 목탑지 판축 상세**

---

8)『三國遺事』, 卷第二 紀異第二 武王條.

이 석탑은 목조탑에서 석탑으로 재료적 변형이 시도된 첫 번째의 작품으로 많은 부분에서 목탑의 요소들을 보여주고 있다.

▲ 미륵사지 강당지 계단

그리고 가람의 북편에는 강당이 배치되고 그 전면의 좌우로 승방이 배치되어 동·서원의 회랑과 연결되었다. 강당의 북편에는 동서 132m의 긴 승방僧房이 있었는데 그 양단은 강당 좌우의 승방 기단선과 정확히 맞추었다. 이러한 배치는 부여·공주지방의 1탑식 가람배치가 하나의 사찰에 동시에 3원3탑식으로 나타나는 가람배치의 극대화를 보여주고 있다.

군수리사지軍守里寺址는 충남 부여읍 군수리의 나즈막한 구릉에 있으며 1935년과 1936년에 걸쳐 발굴조사되었다. 가람의 배치는 남북축선상에 중문, 목탑, 금당, 강당 등을 배치하고 그 주위로 회랑을 둘렀다. 가람은 중문에서 탑지 중심까지가 83척이고 중문에서 금당 중심까지가 80척으로 거의 1:1의 비를 나타내며 금

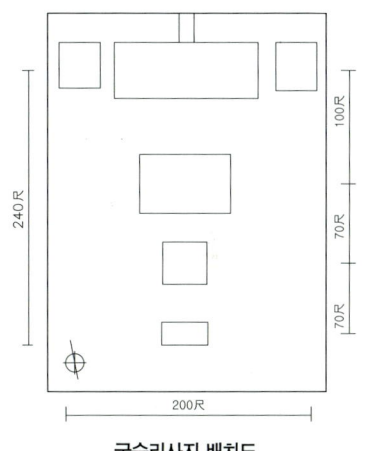

군수리사지 배치도

당에서 강당까지는 120척이다. 확인된 목탑지의 기단은 46척의 정방형이며 그 중심의 지표地表 6척 아래에는 3.1척의 방형 탑심초석塔心礎石이 있었고 그

주변에서 금동불상金銅佛像 등이 출토되었다.[9] 금당지의 기단은 와적기단瓦積基壇으로 동서 90척, 남북 60척이며, 정면은 9칸으로 추정된다. 강당지는 동서가 120척, 남북 60척으로 역시 와적기단이다. 이 강당지 동서에서는 50척×41척의 2개 건물지가 확인 되었고, 조사자는 종루지鐘樓址와 경루지經樓址로 추정하였다.[10]

동남리사지東南里寺址는 충남 부여 읍의 군수리 북쪽에서 조금 떨어진 곳에 있다. 1938년 이시다 모사케石田茂作에 의하여 발굴조사 되었는데 금당과 강당만 있고 탑이 없는 가람으로 알려져 있다. 금당지의 규모는 동서 100척, 남북 70척이고, 강당지는 동서 174척, 남북 70척이다. 중문지는 금당지에서 남쪽으로 70척 위치

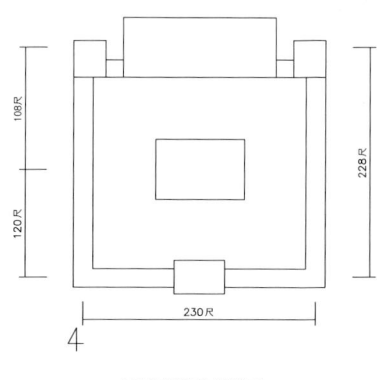

동남리사지 배치도

에 있었는데 그 규모는 동서 56척, 남북 40척이다. 군수리 사지에서와 마찬가지로 강당지 양측에 동서 36척, 남북 44척의 건물지가 확인되었다.

금강사지金剛寺址는 충남 부여군 금공리 금강천의 월미봉의 산록山麓에 있는 동향한 사지이다. 1964년과 1966년 2차에 걸쳐 발굴조사 되었다. 사역의 규모는 동서 약 170m, 남북 약 150m에 달한다. 건물의 배치는 남쪽에서부터 중문, 탑, 금당, 강당지가 주축을 이루고 있다. 금당지의 초석은 모두 유실되

9) 백제사지 기술 내용은 예경출판사에서 발간한 장경호 박사의 『백제사찰건축』에서 주요내용을 정리하였다.
10) 朝鮮古蹟調査研究會, '扶餘 軍守里寺址發掘調査 槪要', 第四回, 昭和11年(1936)

었는데 기단의 규모는 남북 63척, 동
서 46척이었다.

탑지는 금당지에서 앞쪽으로 53척
떨어진 위치에 있었는데 2차에 걸쳐
규모의 변동이 있었던 것으로 확인되
었고, 초창 때의 기단 규모는 47척의
정방형이었다. 금당지의 북쪽에 있는
강당지의 기단규모는 남북 150척, 동
서 63척으로 이 건물지 역시 탑지와

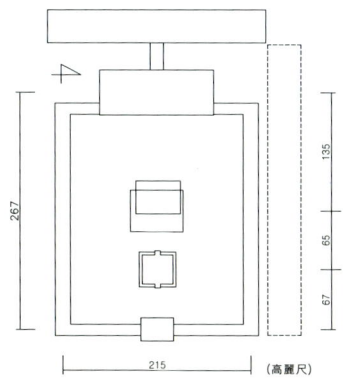

금강사지 배치도

마찬가지로 2차에 걸쳐 규모의 변화가 있었다. 탑지의 남쪽에 놓인 중문지의
기단 규모는 남북 44척, 동서 35척으로 동남리사지보다 작고, 중문의 좌우로
는 회랑이 설치되어 뒤쪽의 강당지 측면으로 연결되었다. 이 강당지 뒤편에
서 남북 292척, 동서 46척의 승방지 건물 유구가 확인되었다.[11]

정림사지定林寺址는
부여읍 중심부에 있
다. 이 사지는 1942년
총독부박물관에 의하
여 부분적인 발굴조사
가 진행되었고, 그 후
1979년과 1980년 충남
대학교 박물관에 의하

▲ **정림사지**

---

11) 尹武炳, 〈金剛寺〉國立博物館發掘調查報告 第七冊, 1969

여 재차 발굴조사가 진행되어 사역의 규모
가 확인되었다. 가람의 배치는 남쪽에서부
터 중문, 탑, 금당, 강당이 남북축선상에 놓
였는데 부여지방에서는 최초로 금당 앞에
석탑이 놓였다. 금당지의 규모는 정면7칸,
측면5칸으로 동서 15.15m, 남북 10.2m로
추정 된다. 금당지에서 북쪽으로 31.7m 위
치에 있는 강당지에는 고려시대에 조성된
석불이 놓여 있다. 강당의 건립 당시 기단
규모는 동서 27.05m, 남북 13.1m로 추정하
고 있다. 출토유물의 와당 중에서 '태평팔

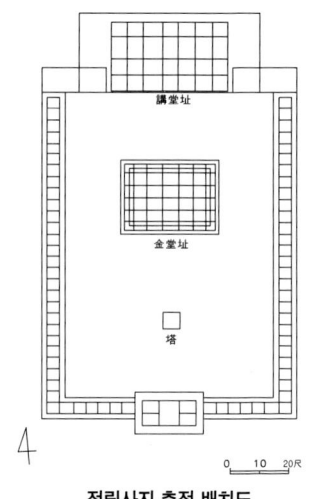

정림사지 추정 배치도

년무진정림사대장당초太平八年戊辰定林寺大藏當草'명문이 출토되었다.[12]

왕궁리사지王宮里寺址는 전라북도 익산군 금
마면 왕궁리에 있다. 이곳은 1989년부터 국립
부여문화재연구소에서 발굴조사가 진행 중
에 있다. 지금까지의 발굴조사에 의하면 왕궁
과 관련된 유적은 발견되지 않았고 현존 석탑
을 중심으로 주변 건물지는 사찰터로 판명되
고 있다. 5층 석탑에서 북쪽으로 37.5m 떨어
진 곳에는 금당지 유구가 노출 되었는데 초석
은 이미 유실되어 찾아 볼 수 없었다. 잔존한
유적으로 보아 금당지의 기단 규모는 동서

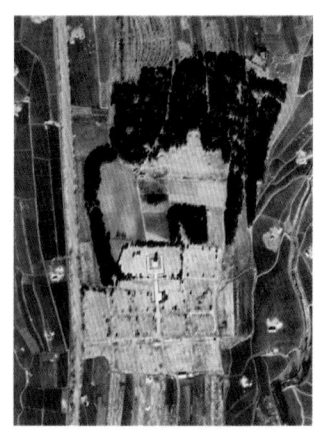

▲ 왕궁리사지

12) 忠南大學校 博物館, 『定林寺』, 忠淸南道廳 ,1981

▲ 왕궁리사지 전경

23.2m, 남북 16.3m로 추정해 볼 수 있었고 건물의 규모는 정면5칸, 측면4칸으로 내외진주를 가진 평면을 하고 있었다. 금당지 중심에서 북쪽으로 42.5m 떨어진 곳에서는 강당지 유구가 노출되었다. 건물의 규모는 금당

▲ 왕궁리사지 전경

지와 마찬가지로 정면 5칸, 측면 4칸인데 도리칸의 길이는 14.8m, 보간의 길이는 9.6 m로 추정되었다. 전체적인 규모는 확실히 밝혀지지 않았지만 사역의 양쪽으로 담장을 설치했던 유적이 확인되고 있다.

황룡사지皇龍寺址는 경주 월성의 동쪽, 용궁의 남쪽에 위치해 있다. 규모나 사격寺格이 신라에서 가장 크고 높은 절이었다. 기록에 의하면 이 절터는 과거불인 가섭불迦葉佛의 연화좌석이 있는 곳으로 가섭불 시대부터 있었던 가

람터라 하였는데 이는 신라 땅이 부처가 사는 땅이라는 신라인들의 불교관을 보여주는 것이다. 황룡사는 553년(진흥왕 14) 궁궐을 짓다가 그곳에서 황룡이 나타났으므로 절로 고쳐짓기 시작하여 17년 만에 완성하고 황룡사皇龍寺라 이름하였다. 그후 574년 서천축의 아육왕이 철 57,000근, 금 3만분으로 석가 삼존불상을 만들려 하였으나 뜻을 이루지 못하고 금, 철, 삼존불상의 모형을 배에 실어 보낸 것이 신라 땅에 닿

▲ 황룡사지 목탑지 전경

▲ 황룡사지 목탑지 심초석

게 되자 이 금과 철을 바탕으로 장육존상을 주조하였다 한다.

643년(선덕여왕 12)에는 당나라에서 귀국한 자장慈藏이 국가를 외적의 침입으로부터 지키고자 청을 올려 9층목탑을 조성하였는데 이 목탑은 백제의 기술자인 아비지와 신라의 용춘이 소장 200명을 거느리고 일을 주관하였다. 목탑은 전체 높이가 225척이었으며 자장이 부처의 진신사리 100립을 봉안하였다고 한다. 신라 삼보三寶 중 이보二寶인 9층 목탑과 장육존상은 1238년 몽고의 침입에 의하여 불타고 그 후 고쳐짓지 못하였다. 황룡사지는 1976년부터 1983년까지 국립문화재연구소에서 발굴조사를 실시하여 그 평면 배치와 가람의 변천상이 밝혀졌다. 조사 결과에 따르면 황룡사의 가람배

치에 변화가 있으나 기본적으로 1탑식 가람배치이다. 즉 중문·목탑·금당·강당이 남북으로 길게 일직선상에 중심축을 두고 자리하며, 이들 중심 건물을 둘러싸는 회랑이 있고 중문의 남쪽에는 남문이 있다.

▲ 황룡사지 목탑지 판축

그러나 장육존상과 목탑 등이 조성되고 난 다음 완성된 황룡사 중창가람은 녹남의 북쪽에 중심을 두고 있는 중앙 금당의 좌우측에 규모가 작은 금당이 각기 배치되는 1탑 3금당식 가람배치를 보이고 있다. 또 시간의 흐름에 따라 탑의 앞쪽 좌우에 경루와 종루가 대칭을 이루고 배치되기도 하였다. 발굴조사에서는 금동불입상을 비롯하여 풍탁·금동귀걸이·각종 유리 등 4만여점의 유물이 출토되었다. 특히 높이 182㎝에 이르는 치미는 황룡사 건물의 규모를 짐작하게 한다.

신라에 있었다는 세가지 보물 중 천사옥대天賜玉帶를 제외한 두가지 보물이 황룡사 9층목탑과 장육존상이었다는 것에서도 황룡사가 차지하는 비중을 짐작할 수 있다. 또 황룡사 금당에는 솔거가 그린 벽화가 있었고 강당은 자장이 보살계본, 원효가 금강삼매경론을 강설한 곳이다. 그리고 역대 왕들은 국가에 큰 일이 있을 때 강당에 친히 와서 고승이 모여서 마련하는 백고좌강회에 참석하여 불보살의 도움을 빌었다.

황룡사는 신라에서 가장 주요하고 규모가 큰 가람이었을 뿐만 아니라 승려들을 총괄하는 역할을 수행하는 중심 가람이었다.

사천왕사지四天王寺址는 경주의 낭산 狼山 기슭 전신문왕릉傳神文王陵 옆에 있으며 문무왕 19년(679)에 창건되었다.

사천왕사의 가람은 쌍탑식으로 남북 축선상에 남으로부터 중문과 그 북쪽 금당 사이 동서 양쪽에 목탑, 금당 뒤쪽에는 강당, 금당과 강당 사이 양쪽에는 경루지로 보고 있는 유구가 있다. 회랑

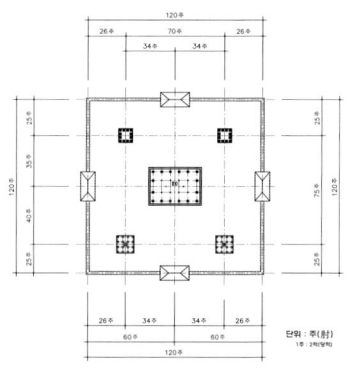

사천왕사지 배치도

은 단랑單廊으로 중문에서 연결되어 탑·금당·경루를 에워싸고 강당 양쪽에 연접하였다. 가람의 전체적인 평면은 방형이다. 현재 절터 입구에 당간지주가 1기 있고, 각 건물지별로 기단과 초석이 비교적 잘 남아 있다. 금당은 정면 5칸, 측면 3칸이고 탑과 경루는 사방 3칸씩이다. 초석은 대체로 방형이며 금당지는 몰딩한 원형 주좌를 두어 통일신라 초석의 초기적 수법을 나타낸다. 목탑자리는 방형 초반 상면에 방형 주좌를 두고 네 귀에는 석탑의 옥개석 상면처럼 추녀선을 양각하고 중앙부에는 지름 20cm 내외의 구멍이 있다. 이것은 기둥을 고정시키기 위한 구멍으로 보이며 부근의 망덕사望德寺 목탑 중앙 심초석과 비교가 된다. 이 사지에서는 일제시대 조선고적조사보고서에 의하면 우수한 당초문唐草文의 와당瓦當과 사천왕상四天王像을 부조한 전塼 등이 출토되었다.[13]

감은사지感恩寺址는 경상북도 경주군 양북면 용당리에 있는 절터이다. 신라의 문무왕文武王은 681년에 세상을 떠났는데 평소 지의법사智義法師에게 죽은

13) 張慶浩,『韓國의 傳統建築』, 文藝出版社, 1992. p170~171

▲ 감은사지 전경

후 나라를 지키는 동해의 용이 되어 불법을 받들고 나라를 수호하겠다고 말하였다 한다. 또한 동해변에 가람을 세워 불력佛力으로 왜구를 격퇴시키려 했으나 절의 완공을 보지 못한채 승하하니 그의 아들인 신문왕神文王이 부왕의 유지를 받들어 즉위 2년(682)에 절을 완공하고 절 이름을 감은사感恩寺라 하였다. 감은사 금당 밑에는 해룡海龍이 된 문무왕의 넋이 내왕할 수 있게 혈穴을 뚫었다고 한다. 그러므로 금당 밑은 교량의 구조와 같은 돌로 기단을 형성하여 공간을 두고 그 위에다 건물을 올려놓도록 되어 있다.

가람은 서쪽으로 약간 기울어져 남향을 하고 있는데 남북축선상에 남으로부터 중문, 금당, 강당이 놓이고 중문과 금당 사이 양옆에는 현존하는 동·서 3층석탑이 있다. 또 강당 양측에는 보칸 3칸의 간살이 넓은 장방형 건물지가 동서로 놓여 동·서회랑과 연결되어 있다.

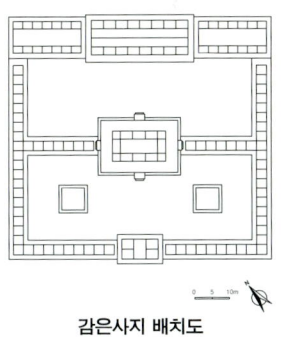

감은사지 배치도

▲ 실상사 전경

실상사實相寺는 전북 남원군 산내면 입석리에 있다. 신라 42대 흥덕왕興德王 3년(828) 홍척국사洪陟國師에 의하여 창건되었는데 주변은 험준한 산봉으로 둘러싸인 분지이다. 이 사찰의 배치는 현재의 보광전普光殿을 중심으로 그 앞쪽에 2기의 석탑과 약사전藥師殿, 명부전冥府殿 등이 남아 있으나 창건 당시에는 장육전長育殿, 극락전極樂殿등의 팔전八殿과 만화萬化, 현묘玄妙, 청심淸心 등의 팔방八房이 있었다고 한다. 그리고 불이문不二門, 천왕문天王門, 만세루萬歲樓, 종각 등의 건물이 있어 지금보다는 대규모의 사찰로 알려져 있다. 1998년부터 국립부여문화재연구소에 의하여 발굴조사가 진행 중인데 지금의 사역 외부로 많은 건물지들이 노출되어 있으며 고려시대에 건립된 목탑지도 조사가 진행 중이다. 산지가람에서 2탑식배치를 보여주는 전형적인 예이다. 이 지

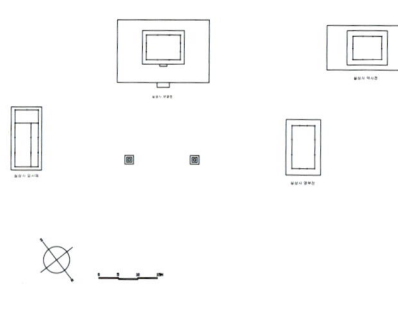

실상사 중심 일곽 배치도

역 산지가람에서 2탑식 배치를 하고 있는 사찰로는 전남 장흥의 보림사寶林寺가 있다.

만복사지萬福寺址는 전북 남원에 있는 고려 문종(文宗, 1064~1083) 때 창건된 사찰로 1986년 전북대학교 박물관에 의해 발굴조사가 진행되어 가람의 규모가 밝혀지게 되었다.[14] 가람은 남북축선상南北軸線上에 중문과 목탑, 금당, 강당이 놓이고 목탑의 좌우로 금당지로 추정되는 건물지가 노출되이 목탑이 중심이 된 고구려 가람의 형태를 기본으로 하고 있음이 확인되었다. 북편의 강당지 주변에는 많은 건물지들이 노출되어 기록에 보이는 약사전, 장육전, 영산전, 천불전, 나한전, 명부전 등과 관련된 유구들로 보인다.

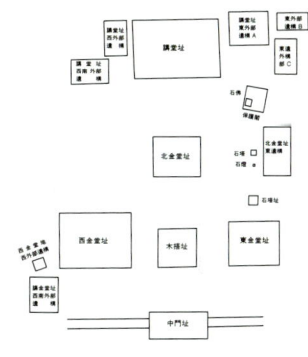

만복사지 배치도

▲ 만복사지 전경

---

14) 全北大學校博物館, 『萬福寺發掘調査報告書』, 1986

홍왕사興王寺는 북한의 개풍군에 있는 고려 문종(文宗, 1064-1083) 때 창건된 사찰로 대각국사大覺國師 의천義天이 고려속장경高麗續藏經을 추조했던 곳으로 1948년 국립박물관에 의해 발굴조사가 되었다.[15]

가람은 중원을 중심으로 그 좌우에도 각각 하나의 원이 있는 평면형태를 보여 주고 있다. 그리고 중원에는 남북축선상에 중문과 석등, 금당, 강당이 놓이고 석등의 좌우에는 팔각탑지가 노출되었다. 이러한 형태의 가람배치는 목탑이 중심이 된 고구려 가람이 석등을 중심으로 그 좌우로 팔각형의 목탑이 놓이는 가람으로 변해가고 있음을 보여주고 있는데 신라의 가람에서는 탑의 평면이 정방형을 이루고 있음을 알 수 있다.

불일사佛日寺는 북한의 개풍군에 있는 고려시대 사찰로 『고려사』에 의하면 951년 창건했다고 한다. 이 사찰의 전체 배치는 홍왕사 가람과 비슷한데 중원을 중심으로 그 좌우에도 각각 하나의 원이 있는 평면형태를 보여 주고 있다. 그리고 중원에는 남북축선상에 중문과 석탑, 금당, 강당이 놓이는 배치를 보여주고 있는데 이러한 3원의 배치 방식은 사찰공간의 위계성과도 관련이 있는 것으로 보인다.

---

15) 황수영, 『고려흥왕사의 조사』, 백성욱박사 송수기념논문집, 동국대학교, 1959

한국과 중국의 고대가람 특성

중국의 수·당 시대는 불교문화의 전성기였으며 한반도의 많은 승려들이 당에 유학하여 선종禪宗, 천태종天台宗, 유식종唯識宗, 밀종密宗, 화엄종華嚴宗, 율종律宗 등 종파宗派에 따른 교리연구가 성행하였다. 이 시기 한국의 중국의 고대가람에 나타난 특징을 살펴보면, 초기에는 평지가람에서 점차 구릉가람으로 지형적인 변화가 일어났으며 이들 구릉가람은 선종禪宗의 번성과 함께 산지가람으로 변하여 갔다.

중국평지가람의 예는 중국 낙양洛陽의 영녕사와 백마사, 서안西安의 자은사와 법문사 등을 들 수 있고 한반도에서는 고구려 정릉사, 백제의 미륵사, 신라의 황룡사를 들 수 있다. 이 당시 가람에는 거대한 탑이 사찰의 중심공간을 이루었던 시기였다. 구릉가람의 예로 현장탑(玄奬塔, 669)이 있는 서안의 홍교사興敎寺를 들 수 있다. 이 시기를 전후하여 한반도는 신라가 삼국을 통일(668)하여 불교문화의 전성시대를 이룬다. 이 때 건립된 감은사와 불국사는 구릉가람의 대표적인 실례이다.

산지가람은 화엄종과 선종이 성행한 8세기 이후 대부분의 사찰로 화엄종은 경전에 의한 교리를, 선종은 경전에 의하지 않고 자기 안에 존재하는 불성佛性을 깨치고자 심산유곡深山幽谷에서 좌선을 하였다. 이러한 화엄도량으로는 중국 오대산五臺山의 여러 사찰과 한국의 소백산 부석사浮石寺를 그 예로 들 수 있다. 화엄과 선종사찰은 모두 산간에 위치하여 비교적 자유로운 배치를 보여주고 있다.

쌍탑은 중국 절강성浙江省 영은사(靈隱寺, 960), 소주蘇州 나한원(羅漢院, 984~987)에서 예를 찾아 볼 수 있지만, 7세기를 전후한 한반도 사찰寺刹에서는 거의 모든 가람에서 쌍탑이 배치되었고, 초기 가람은 불전 앞쪽에 모두 경루와 고루가 배치되지만 우리나라에서는 산지가람으로 변화하면서 종루와 고루는 없어졌다. 그리고 입구에서부터 일주문, 금강문, 사천왕문, 대웅전 등의 건물이 지형에 따라 놓이고, 고루는 대웅전 앞쪽에 놓인 만세루萬歲樓, 안양루安養樓 등의 누각 건물에 북을 매달아 사용하므로써 공간의 변화가 일어난다.

수·당 시기 중국의 큰 사찰에서는 중심 전각의 양쪽에 궁전의 낭원식廊院式 배치를 모방하여 그와 대칭해서 작은 원을 구성하고 주원과 소원은 회랑으로 두르고 배전配殿 혹은 배루配樓를 두었다. 그리고 탑의 위치는 사찰의 중심에서 전각의 좌우로 쌍탑을 배치하거나 혹은 앞마당을 양쪽으로 분리하여 탑원塔院을 두었다. 그러나 이 시기 우리나라 가람에서는 금당의 양쪽에 석탑이 놓이는 쌍탑가람의 예는 있어도 대, 소원이 놓이는 예는 지금까지 발견되지 않고 있다.

선종불사禪宗佛寺의 배치는 가람칠당伽藍七堂이 기본이지만 아직까지 그에 대한 구체적인 내용은 밝혀지지 않고 있으며 이슬람교의 사찰 공간 내에 라마탑이 세워지는 경우가 많다. 명대로 내려오면 가람의 배치는 또 변화를 가져와 중심건축으로 산문이 놓이고, 문의 좌우로 종루와 고루가 놓이고 삼문이 있던 곳은 천왕전으로 개조되고 그 안쪽으로 대웅전, 그 뒤로 장경각이 놓이게 된다. 북경의 벽운사는 田자형 평면의 나한당이 하나의 원을 구성하고 있지만 이러한 배치는 전체 사찰에 영향을 주지는 못하였다.[16]

우리나라 산지가람 공간에는 산신각, 독성각, 칠성각, 삼성각 등의 소전각들이 배치됨을 볼 수 있는데 이는 토속민간신앙이 불교와 융화하는 하나의 과정으로 보인다.

---

16) 『中國大百科全書』, 建築, 園林, 城市計劃編, 中國大百科全書出版社, 1988. p144

한·중 사찰 불전 평면의 변화

유구를 통해 본 불전 평면의 발전

목조건물의 규모는 일반적으로 칸[1]이라는 단위에 의하여 결정하게 되고 이들 단위가 중첩되면서 평면의 규모가 확정된다. 칸에 의해 확정된 하부구조는 결국 상부구조의 가구체계와 축부를 결정하는 핵심적인 요소가 되어 목구조 건축의 조형미를 창출하게 된다.

이러한 평면과 입면에 대한 조형적 미에 대하여 서양건축에서는 $\sqrt{2}$, $\sqrt{3}$, $\sqrt{5}$ 등의 황금비율을 사용하고 있는 것으로 해석하는데 그 대표적인 예의 하나가 파르테논 신전에 적용된 $\sqrt{5}$ 황금비율이다.

서양에서 이러한 비례의 사용은 건축에서 뿐만 아니라 미술사 분야에서도 널리 적용되어 조화와 균형을 이루는 미의 기본개념으로 인식되고 있다. 그러나 동양에서는 아직까지 이들 미에 대한 균제와 균형에 대하여 서양에서 만큼 그 정의가 명백하지 못하다고 할 수 있다.

평면은 건물을 구성하는 수평적 요소로 특히 기능적인 면이 강조되어 있다. 사찰에 있는 많은 불전은 사찰 내 불상이 모셔져 있는 모든 건물을 지칭하게 된다. 그러나 여기서는 사찰 내에서 최고의 의식이 행해지는 주불전(대전, 불전, 대웅전, 보광전)의 평면에 대해서 지금까지의 발굴조사 자료와 현존 중요건물을 중심으로 비교 고찰하였다.[2]

---

1) 間이라는 단위는 목조건축물에서 기둥과 기둥간의 간격을 지칭하며 동일한 건물에서도 칸의 실제거리가 다르게 나타난다. 이러한 개념은 서양의 BAY와 같은 뜻으로 이해할 수 있는데 서양인에게는 매우 생소한 단위다.
2) 평면고찰에서 지칭한 척은 모두 곡척(曲尺)이며, M의 단위로는 303m이다. 이 수치는 발굴조사된 유구를 중심으로 조사보고서에 기록된 수치를 기준으로 기술했기 때문에 수치에 다소의 변동이 있을 수 있음을 밝혀둔다.

황룡사지皇龍寺址의 금당은 신라
진평왕眞平王 6년(584)에 중건되었
다. 『삼국유사三國遺事』 원광서학
圓光西學조에 의하면 건복建福 13
년(613) 수隋 양제煬帝 9년, 수의 사
신 왕세의王世儀가 황룡사 설법회

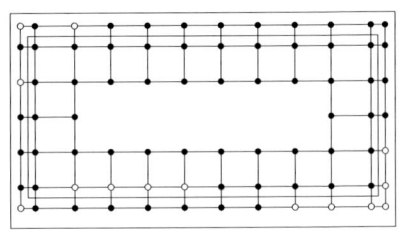

황룡사지 중금당 평면도

에 참가한 기록이 있어 교류사적인 측면에서 매우 중요하다.

그 후 이 사찰은 국찰로서의 위엄을 지켜 오다가 목탑과 함께 몽골란(1238
년) 때 소실되었다. 학술조사가 시행되기 전인 1976년 이전까지 이 절터는 민
가로 변해 있었는데 1976년부터 1983년까지 국립문화재연구소에 의하여 발
굴조사가 진행되었다. 이 발굴조사에서는 중금당을 중심으로 그 좌·우에
중금당에 비해 규모가 조금 작은 동·서 금당이 배치되었음이 확인되었다.

중금당의 상층기단 규모는 동서(정면) 163척, 남북(측면) 81척이며 전각의 평
면 규모는 정면 9칸, 측면 4칸으로 측면의 각 칸은 (16.5척×9칸) + 차양칸 (11
척×2칸) = 170.5척이었다. 그리고 측면칸은 (16.5척×4칸) + (11척×2칸) =
88척으로 산정되어 정면과 측면의 비는 약 2:1이다. 상층기단 외부로는 사방
으로 또 하나의 주열을 배치하여 그 주위로 차양遮陽칸을 두었다. 그리고 상
층기단의 외진초석열(26개 기둥)과 내진초석열(18개 기둥)로 평면을 구성하고
내부공간에는 중앙에 거대한 장육존상과 협시불을 안치하였다.

그 좌우에는 불상을 놓았던 8개의 불상대좌가 배치되어 있다. 이 불상대좌
의 배면과 그 좌우로는 벽체가 구성되었음을 알 수 있다. 이러한 내부 공간구
성은 중국 오대산 불광사佛光寺 대전의 내부구성 공간과 매우 유사함을 알 수
있어 내부 공간 비교연구에 매우 귀중한 자료가 된다.

중금당의 동·서에는 중금당과 함께 건립된 것으로 추정되는 동·서금

당이 조사되었는데 서금당의 유구는 많이 손상되었다. 그러나 동금당의 건물유구는 그 상태가 양호하여 창건 후 두번에 걸쳐 평면의 변화가 있었음을 알 수 있다.

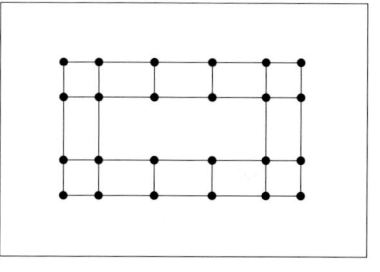

황룡사지 동금당 평면도

동금당의 건물규모를 보면 상층기단은 정면 112.5척, 측면 62척이고 하층기단은 동서 126척, 남북 75척이다. 전각의 평면 규모는 정면7칸, 측면4칸으로 정면의 각 칸은 (15.5척×5칸) + 협칸 (13척×2칸) + 차양칸 (8척×2칸) = 119.5척이었다. 그리고 측변간은 (12.5척×4칸) + (8.5척×2칸) = 66척으로 산정되어 정면과 측면의 비는 약 1.8 :1이 된다. 그리고 상층기단 아래로 또 하나의 주열을 배치하여 그 주위로 차양칸을 두었다. 상층기단의 외진주열에는 22개, 내진주열에는 16개의 기둥이 배열되었던 것으로 확인된다.

감은사지感恩寺址 불전의 상층기단 규모는 정면 74.6척, 측면 53척이고, 불전의 평면 규모는 정면 5칸, 측면 3칸으로 정면의 각 칸은 (8+12+12+12+8척) = 52척이다. 그리고 측면은 (8+14+8척) = 30척으

감은사지 금당 평면도

로 산정되어 정면과 측면의 비는 약 1.7:1이다. 상층기단 위로는 외진주열에 16개, 내진주열에 8개의 평면을 구성하였다.

사천왕사지四天王寺址는 감은사지와 같은 시기(679)에 건립되어 거의 같은

평면규모를 보이는 사지로 일제
강점기인 1923년에 처음 조사되었
다. 불전의 평면 규모는 정면5칸,
측면3칸이다. 정면의 각 칸은
(11.5척×5칸) =57.5척이고 측면은
(12+14.5+12척) =38.5척으로 산정

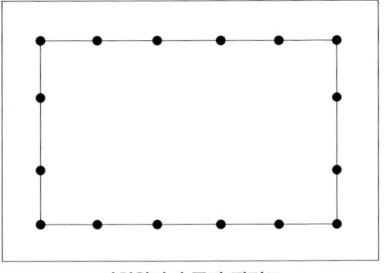

사천왕사지 금당 평면도

되어 정면과 측면의 비는 약 1.49 :1이다. 기단 위로는 외진주열에 16개, 내진
주열에는 8개의 기둥으로 평면을 구성하였다.

불국사佛國寺는 신라 경덕왕 10년(752) 김대성에 의해 창건된 것으로 전해지
고 있는데 대웅전은 임진왜란 때 소실되었다가 조선 영조 41년(1765)에 현재
모습으로 재건되었다. 그러나 이 대웅전의 평면 규모는 초석의 배열로 보아

▲ 불국사

창건 당시의 것으로 추정된다. 대웅전의 평면 규모는 정면 5칸(61.35척), 측면 5칸(55.55척)으로 산정되어 정면과 측면의 비는 약 1.1:1로 거의 정방형을 이룬다.

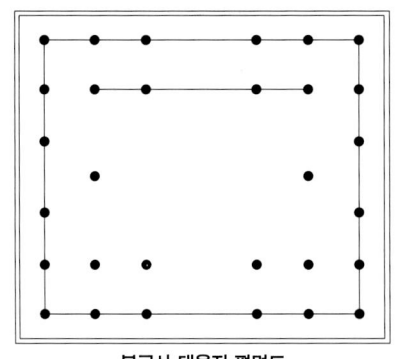

불국사 대웅전 평면도

기단 위로는 외진기둥 20개, 내진기둥 10개로 주열을 이루었다. 이 건물 평면계획의 특징은 외진기둥의 어칸 너비는 협칸에 비해 서의 두배에 가깝고 측면의 칸들은 거의 동일한 길이를 보여주고 있다. 내진주열 측면으로는 각 1개씩의 기둥을 생략하여 감주법減柱法을 사용하였다. 또 내부측면 주열의 가운데로 2개 기둥이 하나의 기둥으로 상부가구 체계를 짤 수 있도록 기둥을 옮겼다(移柱法).

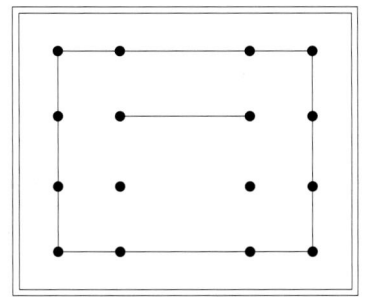

불국사 극락전 평면도

동일한 사역 내에 있는 극락전은 대웅전과 같은 시기에 창건되었다가 조선 영조 26년(1750) 원래의 위치에 초석의 변동 없이 재건된 것으로 보인다.

이 건물의 기단 위로는 외진기둥 12개, 내진기둥 4개로 평면이 구성되었다. 그리고 대웅전에서와 마찬가지로 외진기둥의 어칸은 협칸에 비해 거의 2배에 가깝고 측면의 주칸은 거의 동일한 배치를 보여주고 있다. 불단은 내진기둥 뒤에 설치되어 예배를 위한 내부의 공간은 넓어졌다. 이러한 불단의 배치방법은 이후 소규모 불전에서 하나의 전형이 된다.

미륵사지彌勒寺址 중금당의 평면 규모
는 정면5칸, 측면4칸이다. 정면의 각칸
은(3.3+4.4+4.4+4.4+3.3m)=19.8m이
고, 측면은(3.3+3.7+3.7+3.3m)=14.0m
로 산정되어 정면과 측면의 비는 약
1.41:1이다. 기단 위 외진주열에는 18
개, 내진주열에는 12개의 초석을 받쳤
던 초반석이 있다.

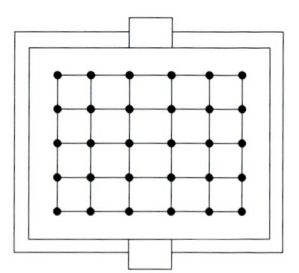

미륵사지 동·서금당 평면도

이러한 초반석 위에 놓였던 초석은 모
두 장초석으로 보이는데 동·서 대전에
는 이러한 동일수법의 초반석과 초석이
남아 있다. 그리고 초석의 윗면에는 사
방으로 마루부재地板를 결구했던 흔적
이 남아있다.

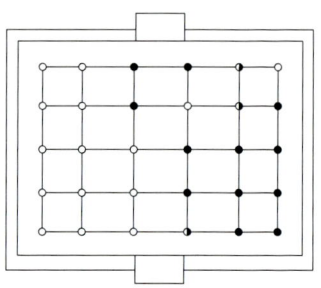

미륵사지 중금당 평면도

▲ 미륵사지 전경

정림사지定林寺址 금당은 상·하의 기단을 갖춘 건물로 상층기단은 파손이 심하여 그 규모를 정확히 알 수 없으나 하층기단은 동서 20.55m 이고 남북 15.60m이 된다. 전각의 평면 규모는 정면5칸, 측면3칸이고 그 주위로 차양을 두었던 흔적이 발견되었다.

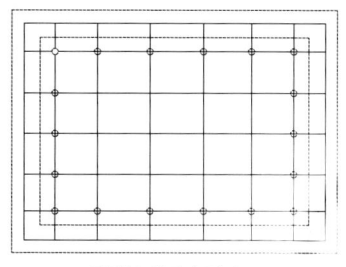

정림사지 금당 평면도

정면의 각 칸은 (2.55+3.55+3.55+3.55+2.55m)=15.75m이고, 측면은 (2.55+5.10+2.55m) =10.2m으로 정면과 측면의 비는 약 1.54:1이다. 그리고 차양은 측면에서 1.8m 간격으로 사방에 설치되었다. 기단 위로는 외진기둥 16개, 내진기둥 8개로 평면을 구성하였다. 이 금당의 평면에서 특징적인 요소는 측면이 정면 어칸의 두배로 계획되었다는 점이다.

왕궁리사지王宮里寺址는 금당의 규모는 평면 규모는 정면5칸, 측면4칸이다. 정면의 각 칸은 (2.4+4.8+4.8+4.8+2.4m)=19.2m 이고 측면은 (2.48+3.6+3.6+2.48m)=12.16m로 산정되어 정면과 측면의 비는 약 1.57:1이다. 기단의 외진주열에는 18개, 내진주

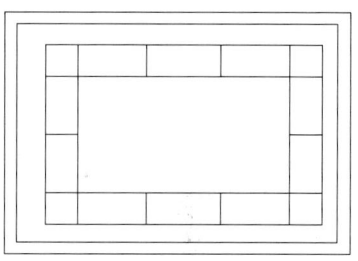

왕궁리사지 금당 평면도

열에는 10개의 초석이 놓여 평면을 구성하였다. 그러나 현존 탑 주변에 미륵사에서 사용된 것과 같은 장초석이 있는데 이 초석은 금당에 사용된 것으로 보인다. 이러한 평면을 가진 건물은 송의 『영조법식』으로 보면 청당형의 가구를 결구한 중층건물로 추정된다.[2]

2) 拙稿, 『益山王宮里 遺蹟의 金堂 復元에 關한 硏究』, 1984, 홍익대학교 대학원 석사학위논문

지금까지 기술한 건물의 평면은 모두 한반도 가람에서 밝혀진 7~8세기 건물 유구이다. 한국에서 이러한 건물들의 복원설계는 현재 모형제작 단계에 불과하고 건물 상부가구에 대해서도 많은 의문점을 남기고 있다. 따라서 삼국시대부터 활발한 교류를 하여 한반도 건축문화에 영향을 끼친 당唐 · 송宋 · 요遼 · 금金 · 원元의 대표적인 불전들과 비교하면 당시의 건축계획적인 연관성을 추정해 볼 수 도 있다고 생각된다. 또한 중국에서는 7 · 8세기 고대 가람에 대한 학술조사 성과가 미미한 실정이지만 우리나라에서는 경주의 황룡사지, 익산의 미륵사지 등 많은 사지가 조사되어 있어 고대의 목조건축 유구와 실존 건물을 비교해 볼 수 있는 중요한 연구 과제가 된다.

중국 당唐 · 송宋대 불전의 평면 변화

남선사 대전 南禪寺 大殿은 당 덕종德宗 건중 3년(782)에 창건된 사찰로 오대산에 있는 이 건물은 1974년 해체보수 되었는데 건물의 규모는 정면 3칸, 측면 3칸이다. 정면의 각 칸은(3,380+4,990+3,380mm)=11,750mm이고 측면은 (3,350+3,300+3,350mm)=10,000mm로 산정되어 정면과 측면의 비는 약 1.175:1이다. 기단의 외진주열에는 12개의 기둥이 세워졌는데 이들 중 서측의 3개 기둥은 방형이고 나머지 기둥은 모두 원형이다. 기둥은 우주隅柱의 모서리 부분만 노출되어 있고 모두 항토장으로 감싸여 있어 그 형태는 보이지 않는다.

복원된 현재의 기단은 정면 14,640mm, 측면 19,080mm로 정면과 측면의 비는 1 : 1.30으로 정면보다 측면이 길게 나타난다. 정면 축부의 어칸은 이분합의 판문과 판벽으로 구성되었고 협칸은 판벽에

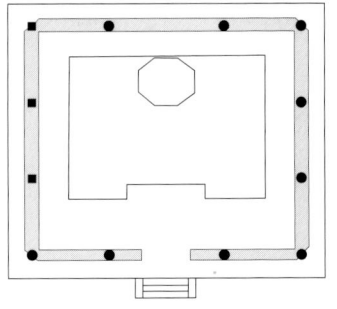

남선사 대전 평면도

살창을 설치하고 그 하부는 벽체로 처리하였다. 기단의 정면에는 추녀선에서 앞쪽으로 한단 낮은 월대가 덧달려 넓은 공간이 마련되어 있다.

불광사 금당 佛光寺 金堂은 화엄종 사찰로 정면 7칸, 측면 4칸으로 정면의 칸은 5,000mm 내외이다. 정면에서는 제일 마지막 양측 협칸에만 살창을 내고 나머지 칸은 모두 판문으로 처리하여 축부는 육중한 느낌을 주게 한다. 정면과 측면의 평면 비례는 약 1.75:1이다. 양 측면과 배면에서는 우주만 노출되고 나머지 기둥들은 창방 하부까지 두텁게 벽체로 마감되어 기둥은 벽체 속에 파묻혀 보이

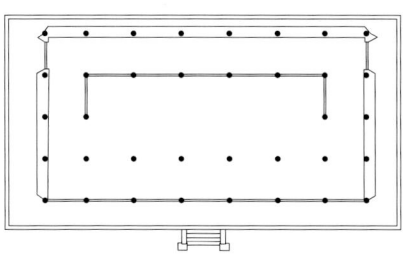

불광사 금당 평면도

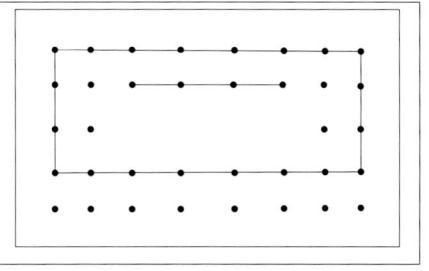

일본 당초제사 금당 평면도

지 않는다. 이 건물은 내부의 공간분할과 천장가구의 짜임 그리고 두공의 결구에서 완숙된 조화미를 보여주어 당대건축 예술의 극치를 이룬다.

이와 유사한 평면을 보여주고 있는 건물은 천평보자天平寶字 3년(759)에 건립된 일본 나라奈良의 당초제사唐招提寺[3] 금당이다. 이 건물은 불광사 금당에 비해 정면의 주칸은 2칸이 많고 측면 주칸은 4칸으로 동일하다. 정면의 주칸은 (3,400mm×2칸)+(3,860mm×7칸) =3,382cm이고 측면의 주칸은 (3,400mm×4칸)=1,360cm으로 산정되어 정면과 측면의 비는 2.50:1로 나타난다. 이 건물은 법륭사 금당과 함께 일본에 남아 있는 고대 불전 중의 하나이다.

---

3) 당에 유학 갔다온 진감국사가 창건한 사찰이다.

불광사의 동·서측 북쪽에 있는 문수전은 금대 천회天會 15년(1137)에 건립되었다. 남향한 건물의 평면규모는 정면 7칸, 측면 4칸이다.

정면의 각 칸은 4,280+4,380+4,660 +4,760+4,660+4,380+4,280mm =

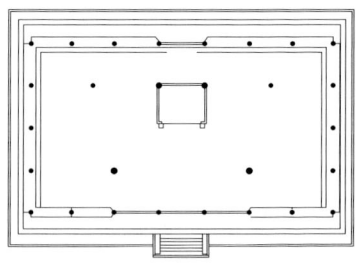

불광사 문수전 평면도

31.40m이고, 측면칸은 4,460+4,400+ 4,400+4,460mm=17.72m로 산정되어 정면과 측면의 비는 1.78 :1이다. 기단 위에는 외진주열에 22개의 기둥이 있고, 내부에는 전후로 내진주열을 배치하여 전면에는 2개, 후면에는 4개의 기둥을 놓았다. 그리고 후면주열 앞쪽에 불단을 설치하였다. 이 건물의 평면에서 보여주는 기둥 배열은 지금까지의 전형적인 기둥 배치에서 벗어나 앞쪽 내진주와 뒤쪽 내진주의 보방향축선이 일직선상에 놓이지 않고 기둥을 생략하거나 이동하고 있다.

보국사 대전保國寺 大殿은 절강성 영파에 있는데 당 광명光明 원년(880)에 창건되었고 북송 대중大中 6년(1013)에 중건되었다. 낮은 기단 위에 놓인 평면의 규모는 정면 3칸(1,183cm), 측면 3칸(1,338cm)으로 측면은 정면에 비해 1.55m가 더 넓다. 이러한 평면의 비례는 이 시기 건물에서 거의 찾아 볼 수 없다. 건물의 내부

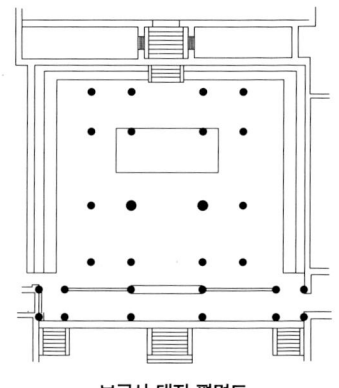

보국사 대전 평면도

에는 4개의 내진주가 놓여 있는데 전면 내진주는 다른 기둥에 비하여 굵다.

이 건물에 사용된 16개의 기둥은 모두 과릉형인데 그 세부형태에 따라 금

과릉식, 반과릉식, 사분지일과릉식으로 나누어 볼 수 있다.[4] 이러한 형태의 기둥작법은 여러 개의 작은 기둥으로 굵은 기둥의 효과를 낼 수 있어 그 의장적인 특징이 돋보인다.

봉국사 대전 奉國寺 大殿은 요령성 의현에 있는데 개태開泰 9년(1020)에 창건된 사찰이다.

남향한 대전의 평면 규모는 정면9칸, 측면5칸이다. 정면의 주칸은 5,010+5,010+5,330+5,800+5,900+5,800+5,330+5,010+5,010mm=48.2m이고, 측면은 5,030+5,010+5,050+5,010+5,030mm=25.13m로 산정되어 정면과 측면의 비는 1.92:1이다. 기단 위에는 외부에 28개의 기둥이 주열을 이루고 내부에는 4열의 기둥이 놓였다.

앞쪽에서 보아 제1열과 제3열은 6개 기둥을 감주하여 제3열 공간의 각 주간에는 1구씩의 대불을 봉안하였고, 그 앞쪽은 예배공간이다. 정면 어칸의 간격은 양측 협칸에 비해 크다. 이러한 감주법을 이용한 평면의 변화는 대량의 길이와 깊은 연관관계가 있어 송宋의 청당식[5]

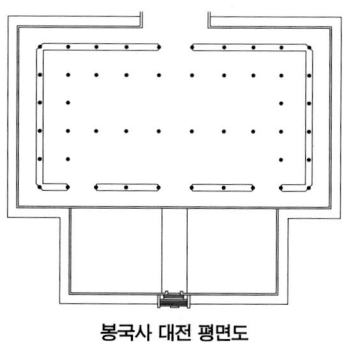

봉국사 대전 평면도

4) 『保國寺』, 浙江攝影出版社, 1996.4.
5) 봉건 등급제도의 제약에서 전과 당은 형식, 구조상에서 모두 구별이 있다. 전과 당은 건물 입구의 오름 계단에서 비교적 일찍 구별이 있었다. 당은 오직 섬돌만 있고 전은 섬돌 뿐만 아니라 또 계단이 있고 원래의 계단 뿐만 아니라 그 아래에는 하나의 높다란 기단이 있고 큰 장대석으로 상하를 연결하였다. 때문에 전은 가능하게 臺와 榭 건축의 발전 중에서 나타난 건축명칭이다. 또 전과 당은 지붕의 형식면에서도 구별이 있는데 唐代에 이미 전의 지붕은 우진각지붕으로 규정했다. 전당식과 확실히 구별되는 것은 내부기둥의 차이에 있다. 즉 내주는 처마기둥에 비해 높다. 대량과 우미량의 뒤쪽은 기둥에 끼웠는데 기둥의 높낮이가 다르기 때문에 완전한 수평층을 이룰 수 없었다. 영조법식의 등급에 의하면 이러한 건축은 중소형의 건축에 이용되었다. 중국 영파의 보국사 대전은 이런 유형에 속한다. 이러한 건물에서 특히 강조되는 부분은 대량인데 포작층이 없어짐으로써 대량식의 구조가 특히 발달되었다고 보여진다.

가구를 형성하게 된다. 기둥을 받치고 있는 초석은 모두 화문이나 초각 가
공이 되지 않은 자연석 초석이고 내부 바닥에는 모두 전돌이 깔려 있다.

화엄사華嚴寺는 산서성 대동에 있는데
하화엄사下華嚴寺에 박가교장전薄伽敎藏
殿, 상화엄사上華嚴寺에 대웅보전이 있다.
상화엄사 대웅보전은 요 청령淸寧 8년
(1062)에 건립되었고 금 천권天眷 3년(1140)
에 재건되었다. 낮은 기단의 전면에는 월
대가 놓여 있다.

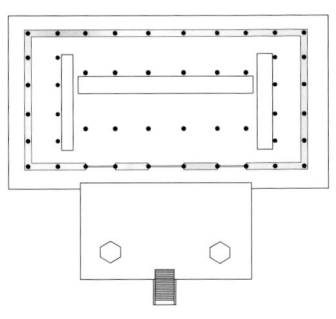

상화엄사 대웅보전 평면도

건물의 평면 규모는 정면 9칸(25.65m), 측면 5칸(18.47m)이다. 정면의 각 칸은
4,340+5,600+5,900+6,650+7,000+6,650+5,900+5,600+4,340mm=51.98m이고 측
면은 4,340+5,580+ 4,000+5,580mm=25.84m로 산정되어 정면과 측면의 비는
약 2:1이다. 출입을 위해 정면 3칸만 개방되었고 나머지는 모두 벽체로 구성
되었다. 건물의 내부에는 4열의 기둥이 기본을 이루는데 제1열과 2열, 제3열
과 4열 가운데 칸에 전·후 기둥열을 배치하여 후면주열 앞쪽에는 비교적 큰
공간의 불단을 만들어 5구의 불상을 봉안하였다.

박가교장전은 요遼 중희重熙 7년(1038)에 건립되었는데 기단은 약 4m 높이의
전축으로 쌓았고 그 전면에는 월대가 놓여 있다. 건물의 평면 규모는 정면 5
칸(25.65m), 측면4 칸(18.47m)으로 정면과 측면의 비는 1.39 :1이다. 정면 3칸
만 개방시키고 나머지 벽은 모두 전돌로 쌓아 우주隅柱의 일부만 보인다. 건
물내부의 사방 벽에는 경관을 보관하기 위하여 총 38칸의 중층누각형 벽장
을 만들어 상·하층 사이에는 난간을 설치하였고 모두 지붕을 올렸다. 건물
의 중앙에는 비교적 큰 공간의 불단을 만들어 3구의 불상을 봉안하였는데 불

상 위로는 영파의 보국사 대전에서처럼 궁륭형의 천장을 설치하였다. 이 대전의 명칭이 박가교장전인 것은 석가세존의 경장經藏이란 뜻으로 박가범(Bhagarat)의 약어이며 세존의 범명을 음역한 것이다. 건물 내부에는 전돌이 깔려 있다.

선화사 대웅보전善化寺 大雄寶殿은 산서성 대동에 있는데 정확한 창건 연대는 알 수 없으나 건물에 남아 있는 세부 기법으로 미루어 보아 11세기에 건립된 건물로 추정하고 있다. 건물의 평면 규모는 정

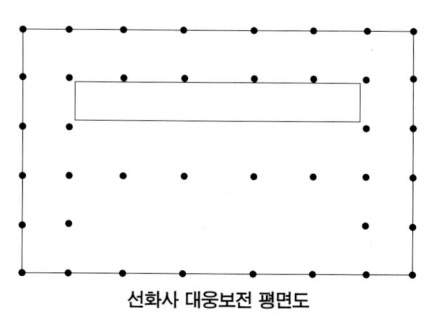

선화사 대웅보전 평면도

면 7칸(40.54m), 측면5칸(24.95m)으로 정면과 측면의 비는 1.63 :1이다. 평면계획에서 정면의 어칸과 협칸에만 판문을 달아 개방시키고 나머지 벽은 모두 벽체로 쌓아 우주隅柱의 일부만 보인다. 건물 내부는 4열의 기둥을 배치하였다. 제1열과 제3열은 양측으로 2개의 기둥만 배치하여 제3열 공간에는 비교적 큰 공간의 불단을 만들어 각 주칸에 1구씩 5구의 불상을 봉안하였다. 불상 위로는 하화엄사 박가교장전에서처럼 궁륭형의 천장을 설치하였다. 불전의 이러한 평면은 봉국사 대전 평면유형과 같은 것이다.

융흥사 마니전隆興寺 摩尼殿은 하북성 정정현에 있으며 북송 황우皇祐 4년(1052)에 창건되었었고, 건물은 亞자형의 특이한 평면을 하고 있다.

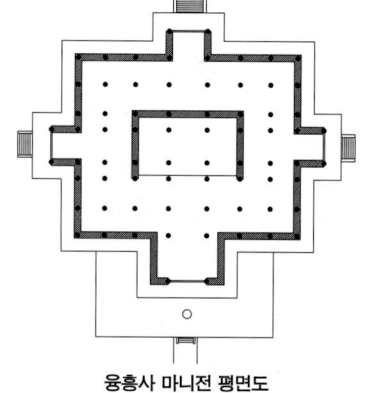

융흥사 마니전 평면도

건물의 평면 규모는 정면7칸(35m), 측면5칸(28m)으로 정면과 측면의 비는 1.25 :1이다. 평면계획에서 사방의 어칸을 앞쪽으로 돌출시켜 출입문을 달았는데 남측에서는 어칸과 협칸에도 출입을 위한 문을 달았다. 그리고 사방으로는 두터운 벽체를 쌓아 기둥은 보이지 않는다. 건물의 내부에는 6열의 기둥을 배치하고 중앙에 불단을 만들었다.

숭복사 미타전崇福寺 彌陀殿은 산서성 삭주에 있고 금 황통皇統 3년 (1143)에 창건되었다. 가람의 뒤편에 위치한 이 건물의 평면 규모는 정면 7칸(25.65m), 측면 4칸 (18.47m)이다.

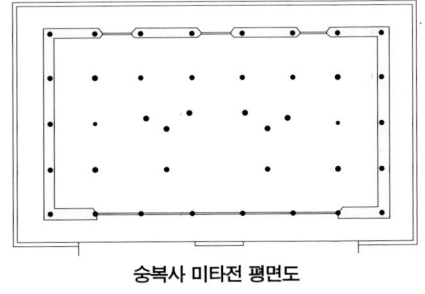

숭복사 미타전 평면도

정면은 5,760+5,600+6,200+6,200+6,200+5,600+5,760mm=41.32m이고 측면은 5,750+5,600+5,600 +5,750mm=22.70m로 산정되어 정면과 측면의 비는 약 1.82:1이다. 정면인 남측 5칸과 배면의 3칸에 문이 있으며 나머지는 모두 벽체로 구성되었다. 건물의 내부에는 3열의 기둥이 기본을 이루는데 제2열의 가운데 기둥 2개를 감주하였고 제3열 전면에 불단을 배치하여 3구의 불상을 봉안하였다. 기단의 전면에는 비교적 높은 월대가 놓였다.

소림사 초조암 少林寺 初祖庵 은 하남성 등봉현에 있는데 소림사 본찰에서 서북쪽으로 2km떨어진 산구릉에 위치하고 있으며 선종의 창시자인 달마대사達磨大師가 면벽수도를 했던 곳으로 유명하다.

암자의 전체 사역은 남북 75m, 동서 35m로 소규모에 불과하다. 이 초조암은 송 선화宣和 7년(1125)에 창건되어 수차례 수리를 거쳤지만 원형을 잘 보존하고 있는 건물이다. 건물의 규모는 정면3칸, 측면 3칸으로 정면 칸은 3,470+4,200+3,470mm=11.14m이고, 측면 칸은 3,470+3,760+3,470mm=10.70m로 산정되어 정면과 측면의 비는 약 1:1이다. 기단 위에는 12개의 기둥이 놓이고 건물 내부에 4개의 기둥이 놓이고 그 중간에 불단을 설치하였는데, 외부 12개 기둥 중 8개의 기둥

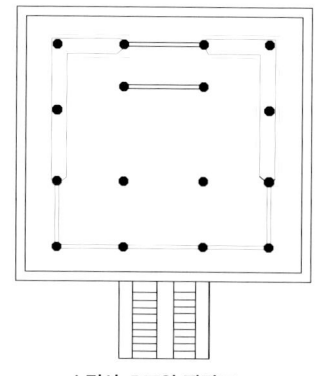

소림사 초조암 평면도

은 팔각의 석주이고 신전 내에 있는 4개의 기둥은 방형이다. 외부 8개의 팔각기둥에는 동자상童子像, 초화문草花紋 등 화려한 문양이 조각되어 있는데 이 건물에 남아 있는 세부수법에서 송 『영조법식』이 규정한 여러 제도들을 찾아 볼 수 있으며 이 건물 내의 부공간에서 이 수법이 나타난다.

영락궁 삼청전 永樂宮 三淸殿은 산서성 예성에 있는데 원대의 대표적인 도교건축으로 중통重統 3년 (1262)에 건립되었다. 이 건물의 평면규모는 정면 7칸(28.44m), 측면 4칸(15.28m)으로 정면과 측면의 비

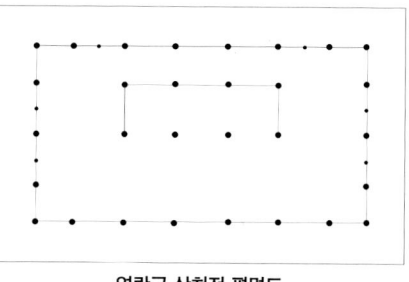

영락궁 삼청전 평면도

는 1.87:1이다. 정면의 5칸에는 판문이 설치되었고, 배면의 어칸에도 판문을 달아 불광사 문수전과 같은 배치를 보여주고 있다. 그러나 측면칸과 배면의 각 주칸에는 작은 기둥을 하나씩 세웠다. 건물내부 중앙 뒤로 어칸과 협칸에 맞추어 단을 설치하고 양측면과 배면은 벽체로 마감하였다. 건물 앞쪽으로는 월대를 두어 평면배치에서 보면 불교사원과 조금도 다를 바 없다.

광성사廣胜寺는 산서성 홍동에 있는데 2동의 대전이 있다. 이중 최고의 하사후전下寺后殿은 원 지대至大 2년(1309)에 건립되었다. 이 건물의 평면규모는 정면 7칸(27.88m), 측면 3칸(16.10m)으로 정면과 측면의 비는 1.74 :1이다. 정면의 3칸에는 판문이 설치되었고 협칸에는 살창이 있다. 건물 내부에서는 측면의 협칸에 맞추어 내진주열을 배치하고 후면 내진주 뒤쪽에 불단을 설치하여 어칸에 불상을 봉안하였다. 전면 내진주의 양측 2개 기둥을 후대에 보강한 것으로 보고 있다. 같은 경내에 있는 상사전전은 하

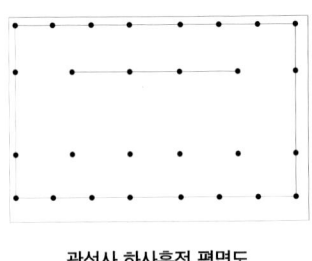

광성사 하사후전 평면도

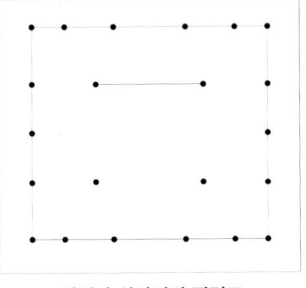

광성사 상사전전 평면도

사후전과 거의 같은 시기에 지어진 건물이다. 건물의 규모는 정면 5칸(13.82m), 측면 4칸 (12.45m)으로 어칸의 주간은 협칸의 두배에 가깝고 정면과 측면의 비는 1.1 : 1로 나타나 거의 정방형에 가깝다. 건물 전후면의 어칸에만 문을 달고 삼면은 벽체로 마감하였다. 건물 내부에는 전후 2개씩, 4개의 기둥을 배치하였다.

대운사 대전 大雲寺 大殿는 산서성 평순에 있는데 창건은 송 천희년간天禧年門 (1017-1021) 이라고 하나 현재의 대전은 원대의 건물로 보인다. 건물의 규모는 정면 3칸(1,180cm), 측면 3칸(1,010cm)으로 정

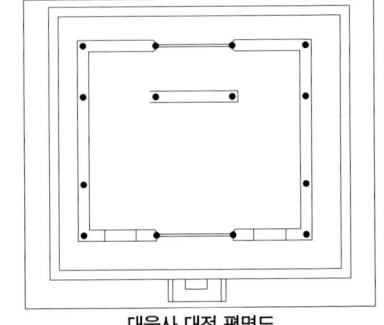

대운사 대전 평면도

면과 측면의 비는 1.17:1로 거의 정방형에 가깝다. 전·후면의 어칸에만 문이 설치되었고 협칸에는 살창이 있다. 건물의 내부 뒤로 2개의 내주가 설치되어 그 앞쪽으로 불단을 놓았다. 이 시기 소규모 불전의 전형적인 형태로 보인다.

연복사 대전 延福寺 大殿은 절강성 무의에 있는데 대전은 원 연우延祐 4년(1317)에 건립된 이 지방에 남아있는 원대 불전의 대표적인 예이다.

대전의 평면 규모는 정면 3칸(8.51m), 측면 3칸(8.61m)으로 측면이 10cm 더 크게 나타나는데 이러한 평면유형은 보국사 대전과 비슷하다. 평면 계획에서는 정

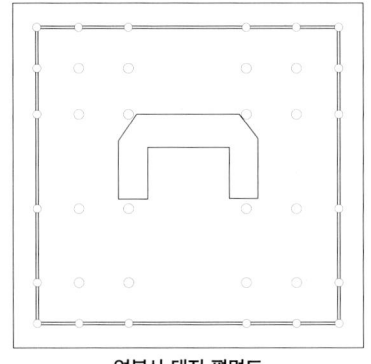

연복사 대전 평면도

면과 측면에서 모두 어칸이 크게 나타나고 전후면 어칸으로 출입문을 두었다. 이렇게 뒤쪽으로 출입문이 있는 시기의 건물로는 보국사 대전이 있다. 배면의 출입시설은 대전을 참배하고 곧바로 대전 뒤쪽의 동선과 연결될 수 있다는 의미를 가지고 있을 뿐만 아니라 불단 뒷벽에 불상을 모시는 공간이 확보되어 불교의식에도 변화가 있었던 것으로 보인다.

건물내부에는 모두 16개의 기둥이 놓였는데 중앙의 어칸에 맞추어 ㄷ자형의 불단을 설치하였다.

이상에서 살펴본 건물의 평면 유형은 건물의 규모에 따라 이미 여러 형태로 변해가고 있음을 볼 수 있다. 그리고 이 시기에 발간된 북송 숭령崇寧 2년 (1103) 『영조법식』 권 제31조 대목작제도도양大木作制度圖樣에서는 4개의 평면 유형을 제시하였다. 그러나 이러한 평면유형은 이미 당대에 사용되던 여러 가지 평면 중에서 가장 기본이 되는 표준형의 평면을 제시한 것으로 볼 수 있는데 몇 개의 유적에서 그 유형을 예시해 보고자 한다.

'殿閣身地盤七間身內分心斗底槽'는 3칸×2칸의 기본단위를 확장한 평면으로 보이는데 이러한 평면은 계현 독락사獨樂寺 산문(984), 소주 호구이산문虎丘二山門에서 보이듯이 문루건축 평면의 기본이 확장되어가는 것으로 보인다. 이 평면은 정면과 측면의 비가 2:1에 근사한다.

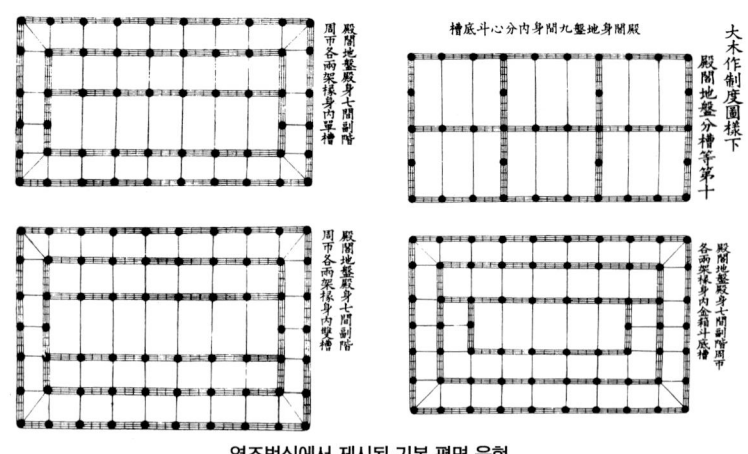

영조법식에서 제시된 기본 평면 유형

'殿閣地盤殿身七間副階周匝各兩架椽身內金箱斗底槽'는 현존하는 유사한 건물은 없지만 한국 경주의 황룡사 동금당 유적에서 그 평면의 실례를 보이고 있어 당시의 건축기술 교류 사실을 간접적으로 증명하여 주고 있다.

'殿閣地盤殿身七間副階周匝各兩椽身內單槽'와 '殿閣地盤殿身七間副階周匝各兩椽身內雙槽'는 비교적 규모가 큰 대다수의 건물에서 응용될 수 있는 가장 기본적인 평면의 예이다. 실제로 이러한 전형적인 평면의 예시는 그이후 많은 건물에서 기둥의 위치 변화를 알 수 있는 기준점이 된다는 점에서 매우 중요한 가치를 지닌다.

한국 사찰 불전의 평면 변화

우리나라에 현존하는 대다수 사찰들은 많은 승려가 당에서 유학을 마치고 돌아와 창건한 것으로 7, 8세기에 집중되어 있다. 통일신라 이후 이들이 주노한 선법을 가장 먼저 전해온 승려는 법랑(法朗, 507~581)이다. 그러나 신라에 선사상이 일반적으로 알려지고 또 실제로 영향을 미치게 된 것은 제41대 헌덕왕 13년(821) 당에서 돌아온 도의道義와 제42대 흥덕(興德, 826~836) 초기에 귀국한 홍척洪陟[1]에 의해 중국 혜능慧能 계통의 남종선이 전해진 이후이다. 그후 신라는 당에서 귀국하는 선승들에 의해 산문이 계속 개창되면서 점차 불교계에 새로운 계통을 형성해 갔고 권력자들의 지지를 받게 되었다.

이러한 선사상과 더불어 고려전기에는 화엄華嚴, 유가瑜伽, 밀교密敎, 계율戒律 등 신라의 전통적인 교학들이 그대로 계승되었다. 그 가운데 화엄과 유가가 성행하였고 특히 균여(均如, 923~973), 의천(義天, 1055~1101) 등에 의한 화엄학은 고려 전기의 교학을 주도하였다. 고려 전기에 불교에서 획기적인 사실은 대각국사大覺國師 의천 義天에 의해 천태종天台宗이 개창되었다는 것이다. 대각국사는 문종(文宗, 1046~1083)의 넷째 왕자로 태어나 11세에 자원하여 출가, 30세에 송으로 건너가 1년 뒤 귀국, 천태교학을 널리 펴기 시작하였다. 천태

---

1) 國師의 碑는 韓國 全北 南原의 實相寺에 있다. 九山禪門의 實相寺派를 형성하였다. 실상사는 韓半島 산지가람의 始初가 된다.

종은 숙종(肅宗) 2년(1097) 의천이 국청사國淸寺를 짓고 이 절에서 천태교학을 강의함에 따라 하나의 교학을 이루게 되었다.[2] 대각국사비大覺國師碑는 북한 개성에 있는 영통사靈通寺에 있는데 1125년(인종3)에 세워졌다. 국청사의 개창은 중국 절강성의 국청사를 본받은 것이며, 의천은 이곳에서 천태교학을 학습하였다. 그러나 이 시기에도 몇몇 고승들은 선문을 지키고 있었는데 예종睿宗대의 문신 이자현李資玄은 강원도 춘천의 청평사淸平寺[3]에서 『능엄경楞嚴經』에 의한 선법을 펴기도 했다.

이 시기 선법을 결정적으로 부흥시킨 승려는 보조국사[4] 지눌(知訥, 1158~1210)이었다. 의천이 천태종을 개창하여 교선합일敎禪合一을 시도하였다면 지눌은 선교일치禪敎一致를 표방하였다고 할 수 있다. 한반도에서 이때의 가람은 이미 심산유곡深山幽谷으로 들어가 산지가람의 전형을 이룬 시기이기도 하다.

조선시대로 들어오면 숭유억불崇儒抑佛 정책이 본격적으로 시행되어 불교는 엄청난 타격을 입게 된다. 태종(太宗, 1400~1418)은 불교의 종파를 11종에서 7종으로 통합하여 전국에 242개 사찰만을 공인하고 사원의 토지와 노비를 대폭적으로 몰수하였다. 그리고 각 사원에 거주할 승려의 수를 정하여 나머지 승려는 강제 환속시켰으며 국사 및 왕사제도를 폐지하였다. 세종(世宗, 1418~1450)은 다시 7종을 선교양종으로 폐합하고 사원의 수를 36개, 승려수 3770명, 급여전 7950결로 불교교단의 활동과 생활기반을 대폭적으로 삭감하였다. 뿐만 아니라 도승제度僧制의 엄격한 규정과 연소자의 출가금지, 지방 승려의 도성출입 금지, 부녀자의 사찰 출입 금지 등 가혹한 조치를 취하였다.

---

2) 李奉春, 『佛敎의 歷史』, 民族社, 1998. p.134,
3) 淸平寺에는 李資玄의 『文殊院 重修碑』와 元의 皇室과 關聯된 『泰定王后文殊院施藏經碑』 등의 유적이 남아 있고 元의 공주와 관련된 說話가 전해져 내려온다.
4) 普照國師 의 碑는 九山禪門의 하나인 全南 長興의 寶林寺에 있다.

이 때의 사원은 정치적인 문제와 경제적인 문제가 겹쳐 그 규모가 현저하게 축소되거나 철폐되어 그 명맥만 이어져 내려왔다고 할 수 있다.

선조宣祖 25년(1592) 일본이 일으킨 임진왜란의 7년 전쟁은 그나마 보존되어 오던 수많은 목조건물들 소실되어 한반도에서 13세기 이전의 목조건축을 볼 수 없는 불운을 맞게 되었다. 안동 봉정사, 영주 부석사, 예산 수덕사 등은 임진왜란 때 병화를 면한 사찰들이다.

봉정사鳳停寺는 7세기 후반 당에서 유학을 마치고 돌아온 의상대사義湘大師에 의해 창건되었다. 가람의 서쪽구역에 위치한 극락전極樂殿은 1972년 해체수리 하였는데 이때 종도리 하부에서 한지韓紙에 지정至正 23년(1363)에 옥개부를 수리했다는 명문5)이 발견되었다. 목조건물은 초창에서 옥개를 완전보수하기까지의 주기가 보통 150년 정도로 보기 때문에, 이 기록으로

▲ 봉정사 극락전

5) 至正二十三年癸卯三月 日 改盖重修 施主 中郎將 李探...... 中略

미루어 보면 건물의 초창은 13세
기 혹은 12세기로 거슬러 올라갈
수 있다고 보고 있다.

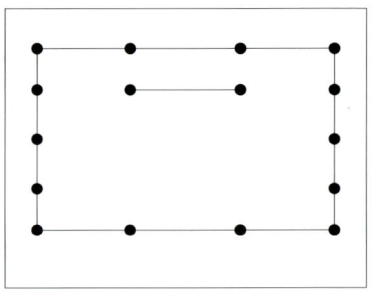

봉정사 극락전 평면도

극락전의 평면 규모는 정면 3칸,
측면 4칸이다. 정면의 어칸은
12.10+14.30+12.10척=38.50척이
고, 측면은 5.0+6.50+6.50+5.0척
=23.20척으로 산정되어 정면과 측면의 비는 약 1.53:1이다. 외진주는 14개이
며, 내부에는 2개의 기둥이 놓여 그 전면에 불단을 설치하였다. 정면에서는 어
칸이 넓어져 등간격으로 계획되던 삼국시대의 평면 주간 배치법에서 변화를
가져오고 있다. 측면의 중앙에는 고주를 놓고 그 양측으로 2개씩의 기둥을 세
워 측면 칸수는 정면에 비해 1칸이 더 많은 4칸이 되었다. 주초는 모두 가공이
되지 않은 자연석 주초가 놓였고 내부 바닥에는 모두 전돌이 깔려 있다.

봉정사 대웅전大雄殿은 일반적으로 조선 초기 건물로 인정하고 있으나 옥개

▲ 봉정사 대웅전

하부에서 발견된 첨차, 소로 등의
부재는 고려시대 건물로 분류하
고 있는 극락전과 비슷한 형태를
보여주고 있다.

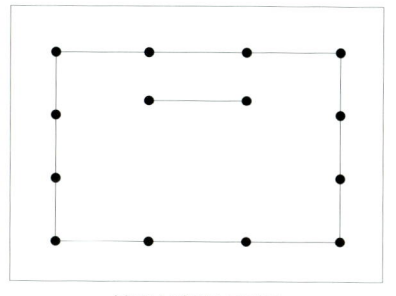

봉정사 대웅전 평면도

봉정사 대웅전의 평면 규모는
정면 3칸, 측면 3칸이다. 정면은
14.5+15.5+14.5척=44.5척이고 측
면은 9.5+9.5+ 9.5척=28.5척으로 산정되어 정면과 측면의 비는 약 1.56:1이다.
그러나 후내에 선물의 앞쪽으로 덧딜아 낸 만칸(6.4척)의 마루가 있어 실제
건물의 깊이는 더 깊다. 기단 위에는 외진주열에 12개의 기둥이 놓이고 측면
중앙칸 주열의 뒤쪽에 2개의 불벽기둥을 세워 불단을 놓았다.

부석사 浮石寺는 1916년 해체 수리시 발견된 『봉황산부석사개연기鳳凰山浮石
寺改椽記』에 홍무洪武 9년(1376) 원융국사圓融國師가 중수한 기록이 보인다. 원

▲ 부석사 무량수전 전경

융국사는 고려 광종과 문종연간(964~1053)년간의 승려로 이 기록은 동명의 승려이거나 오기誤記로 보인다. 지금 사찰 내에는 문종8년(1054)에 세운 원융국사비圓融國師碑가 있다. 무량수전의 평면 규모는 정면 5칸,

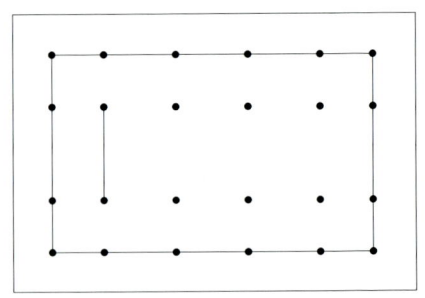

부석사 무량수전 평면도

측면3칸이다. 정면은 10.10+13.90+13.90+13.90+10.10척=61.90척이고, 측면은 10.10+18.0+10.10척=23.00척으로 산정되어 정면과 측면의 비는 약 1.62 :1이다. 기단 위에는 외진주열 16개, 내진주열 8개가 놓였는데 동측면 방향으로 불단을 설치하였다. 정면에서는 어칸과 협칸의 주간이 동일하고 퇴칸의 주간은 좁아졌다. 측면에서는 어칸이 18척으로 넓어지고 있는데 이러한 평면 변화는 결국 내부공간을 넓게 사용하기 위한 계획의 발전으로 보인다. 이러한 기둥의 배치는 상부가구에서 송식의 청당식 가구를 형성하게 된다. 무량수전의

▲ **부석사 조사당**

오른쪽 언덕 위에 있는 조사당祖師堂은 일제 때 해체수리시 발견된 묵서명에 나타난 홍무洪武 7년 (1377)에 중건된 것으로 보인다. 조사당의 평면 규모는 정면 3칸, 측면 1칸이다. 정면의 어칸은

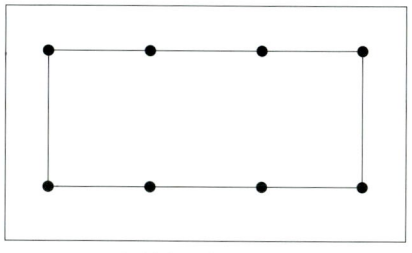

부석사 조사당 평면도

9.90+10.90 +9.90척=30.70척이고 측면은 13.20척으로 산정되어 정면과 측면의 비는 약 2.32:1이다. 기단 위에는 외진주열에 6개의 기둥이 놓였고 내부에는 이 사찰의 창건과 관련이 있는 의상대사의 영정이 모셔져 있다. 이 시기에 건립된 조사당으로서는 제일 오래된 건물이다. 기둥을 받치고 있는 초석은 모두 가공이 되지 않은 자연석 주초이고 내부 바닥에는 모두 전돌이 깔려 있다.

수덕사 대웅전修德寺 大雄殿은 1937년부터 3년 동안 해체 · 수리 하였는데 이 때 발견된 묵서명[6]에 의하면 원元 지대至大원년 무신(1308)에 창건된 것으로

▲ 수덕사 대웅전

6) 至大元年戊申四月卄四日 修德寺造成象目抄記 大棟梁 ......

확인되었다. 수덕사 대웅전의 평면 규모는 정면 3칸, 측면 4칸이다. 정면은 15.65+15.45+15.65척=6.75척이고 측면은 8.95.+8.83+8.83+8.95척=35.56척으로 산정되어 정면과 측면의 비는 약 1.31:1이다. 외진주는 14개, 내진주는 4개가 놓였는데 불단은 중앙의 뒤쪽

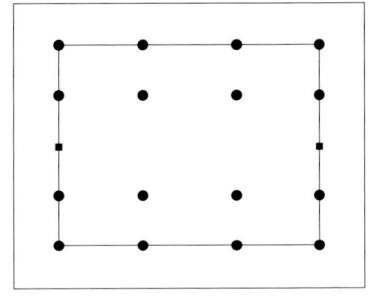

수덕사 대웅전 평면도

에 설치되었다. 정면에서는 어칸과 협칸의 주칸이 동일하고 측면에서는 주칸이 거의 동일하다. 내부에서 측면의 중앙기둥이 생략되어 내부공간은 넓어졌는데 이때는 이미 감주법이 일반화된 시기로 보인다. 기둥을 받치고 있는 초석은 가공이 되지 않은 자연주초와 그 위에 주좌를 도드라지게 새긴 형태가 혼용되었다. 현재 건물의 내부바닥에는 모두 마루판이 깔려 있는데 원래는 전돌이 깔려 있었던 것으로 생각된다.

은해사 거조암 영산전銀海寺居祖

庵靈山殿은 조선 영조英祖 30년 중수시 발견된 명문[7]에 의하여 고려 우왕禑王 1년(1375)에 건립된 건물로 보인다.

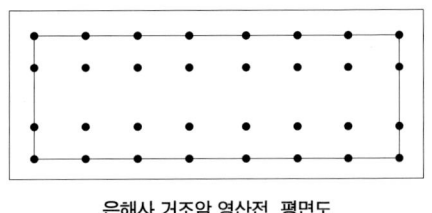

은해사 거조암 영산전 평면도

은해사 거조암 영산전의 평면 규모는 정면7칸, 측면3칸이다. 정면은 16.6+(14.4척×6칸)=103척이고 측면은 16.6+9.0+9.0척=34.6척으로 산정되어 정면과 측면의 비는 약 3:1이다. 기단 위에는 외진주 20개, 내진주 7개가 놓였

7) ...... 重修時開㯟視之則洪武八年建立乾隆拾玖年甲戌重補今戊戌重修南四間......

▲ 은해사 거조암 영산전

다. 불단은 내부의 정중앙에 설치되었고 불단의 앞쪽에만 마루를 깔았는데 이 마루는 후대에 증설된 것이다. 정면과 측면에서 어칸의 주칸을 협칸보다 크게 잡았는데 이러한 주칸 계획은 건물내부의 가운데 공간을 넓게 사용하기 위한 계획적인 면이 강조된 것이다. 이 건물의 평면은 북한에 남아있는 성불사 응진전과 함께 한반도에 현존하는 불전 중에서 정면의 길이가 제일 긴 유형에 속한다. 기둥을 받치고 있는 초석은 가공이 되지 않은 자연주초이다. 현재 건물의 내부 바닥에는 불단 앞을 제외하고 모두 전돌이 깔려 있다.

성불사 응진전成佛寺 應眞殿은 고려 충숙왕 14년(1374)에 지어진 건물로 북한 황해북도에 있다. 정남향한 극락 전과 함께 한반도에 남아있는 고 려시대 건물로 매우 중요한 위치 를 차지하고 있다.

성불사 응진전의 평면 규모는

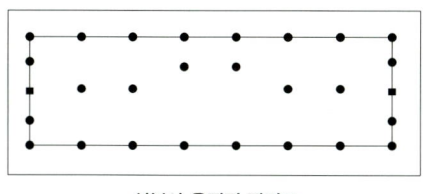

성불사 응진전 평면도

정면 7칸(75척), 측면 4칸(22척)이다. 주간
의 정확한 수치는 확인할 수 없지만 정
면의 어칸은 10.7척, 측면의 어칸은 5.5
척으로 동일하게 계획되었는데 정면과
측면의 비는 약 3.4:1로 나타난다. 기단
위에는 외진주 20개, 내진주 6개를 놓아
평면을 구성하였고, 그 중앙에 불단을

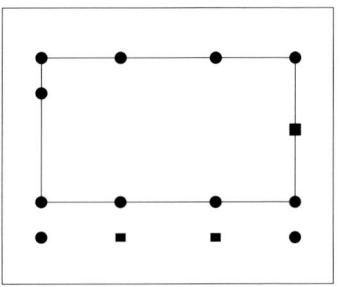

성불사 극락전 평면도

놓아 그 양쪽으로 협칸의 주열에 맞추어 그 중앙에 2개의 기둥을 세웠다. 이
러한 내부 기둥의 배치는 삼국시대의 전형적인 기둥 배치에서 한 단계 발전
된 형태로 보인다. 따라서 이러한 감주법의 영향으로 내부의 상부가구는 어
칸의 대량 길이는 협칸의 대량보다 1.5배 정도 길다. 이 건물의 평면은 은해
사거조암영산전과 함께 한반도에 현존하는 불전 중에서 주칸이 제일 긴 유
형에 속한다. 기둥을 받치고 있는 초석은 가공이 되지 않은 자연주초다. 현
재 건물의 내부 바닥에는 모두 전돌이 깔려 있다.

  이 건물의 북측에 있는 극락전極樂殿은 고려 공민왕 23년(1374)에 지어진 건
물로 조선 중종 25년(1530)과 인조 22년(1644)에 수리를 거치며 전면에 마루를
덧달아 낸 것으로 판단된다.

  극락전의 평면 규모는 정면 3칸(12.92+14.30+12.93척=40.15척), 측면은
전·후퇴가 있는 4칸(6.1+10.92+10.92척=27.94척)이다. 정면의 어칸은 협칸
에 비해 4.82척 넓고, 정면과 측면의 비는 약 1.43:1이다. 기단 위에는 외진주
10개가 놓이고 내부에는 기둥이 배치되지 않았다. 따라서 전·후면 어칸 기
둥 위에 놓인 대량의 길이는 타 건물에 비해 매우 길어져 6.6m에 이른다. 이
건물의 내부에는 불단이 놓이긴 했지만 불단 뒤의 양측에는 기둥이 놓이지
않았다. 이러한 기둥의 배치는 삼국시대의 전형적인 격자형 기둥 배치에서

더욱 발전된 형태이다. 기둥을 받치고 있는 초석은 가공되지 않은 자연주초
다. 현재 건물의 내부 바닥에는 모두 전돌이 깔려 있다.

심원사 보광전心源寺 普光殿은 사적비
에 고려 공민왕 23년(1374)에 수리한 기
록이 있어 고려 때 중건된 것으로 보인
다. 보광전의 평면 규모는 정면 3칸
(12.25+12.20+12.25=36.5척), 측면 3칸
(6.47+11.90+6.47=24.84척)이다. 정면
의 어칸은 동일한 척도로 계획되었는

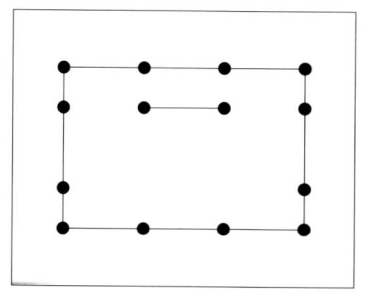

심원사 보광전 평면도

데 측면에서는 중앙 주칸이 넓다. 정면과 측면의 비는 약 1.46:1로 나타나고,
외진주열에는 12개의 기둥이 배열되었다. 내부에서는 측면의 뒤쪽 어칸 주
열에 맞춰 2개의 내주가 놓이고 그 앞쪽에 불단을 배치하였다. 내부공간에서
이러한 내주의 배치는 삼국시대의 전형적인 기둥 배치에서 감주법이 더욱
발전된 형태이다. 내주의 배치는 조선시대로 들어오면서 측면의 중앙칸 기
둥열에 맞추지 않고 정면 3칸, 측면 3칸의 전형적인 평면형태로 발전한다. 이
러한 바닥재료의 변형은 그 이후 불교의식과도 깊은 관계가 있었던 것으로
보인다. 이 마루는 현재 한반도의 불전에 설치된 마루 중에서 제일 오래된 것
으로 볼 수 있다.

고산사 대웅전 高山寺 大雄殿은 그 창건 기록을 정확히 밝힐 수 없으나 여러
가지 고식의 수법이 보이고 있어 이 건물은 적어도 고려전기 이전에 지어진
것으로 보인다. 대웅전의 평면 규모는 정면 3칸, 측면3칸이다. 정면은
5.50+10.00+5.50척=21.00척이고 측면은 5.50+5.50+5.50척=16.5척으로 산정

되어 정면과 측면의 비는 약 1.62:1이
다. 기단위에는 외진주열에만 10개의
기둥이 놓이고 내부에는 기둥이 없다.
불단은 어칸의 중앙 뒤쪽에 놓였는데
비교적 큰 공간을 차지하고 있다. 어
칸의 주칸 계획은 5.5척을 기준으로
하여 정면에서만 그 2배가 되는 10척

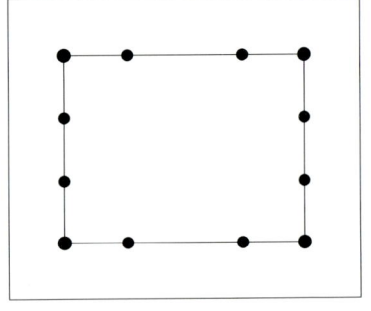

고산사 대웅전 평면도

이 되었다. 전 · 후면을 가로지르는 대량은 내부에 고주가 없으므로 양측 어
칸 위에 놓였는데 그 길이가 16.5척이다. 건물의 규모에 비해 기둥의 직경이
큰 편이다.

무위사 극락전無爲寺 極樂殿은 지금까지 발견된 벽화의 명문과 1983년 해체
수리시 종도리 하부에서 발견된 명문에 의하여 조선 세종 12년(1430)에 건립
된 것으로 추정된다. 그러나 사적비에 기재된 사찰의 창건기록과 비교해 볼
때 그 상한연대는 올라갈 수도 있다. 극락전의 평면 규모는 정면 3칸, 측면 3

▲ 무위사 극락전

칸이다. 정면은13.00+12.00+13.00척
=38.00척이고 측면은 7.00+12.00+7.00
척=26.0척으로 산정되어 정면과 측면
의 비는 약 1.46:1이다. 기단 위에는 외
진주열에만 10개의 기둥이 놓이고 내부
에는 기둥이 없다. 불단은 어칸의 중앙

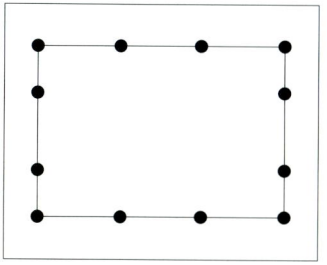

무위사 극락전 평면도

뒤에 놓였는데 비교적 큰 공간을 차지하고 있다. 어칸의 주칸 계획에서는 정
면의 어칸이 협칸에 비해 1척 정도가 작은 12척인데 측면의 중앙칸과 같은
수치를 보인다. 전   후면을 가로지르는 대량은 이간에 놓였는데 그 길이가
26척(약8m)이다. 1950년대까지도 이 건물 내부에는 전돌이 깔려 있었으나 지
금은 마루로 변했다.

개심사 대웅보전開心寺 大雄寶殿은 1941년 해체수리시 발견된 명문[8]에 의하
여 조선 성종 15년(1484)에 중창된 건물로 보고 있다.

▲ 개심사 대웅보전

8) 成化二十年甲辰六月二十日瑞山地象王山開心寺重創大木……

개심사 대웅보전의 평면 규모는 정면 3칸, 측면 3칸이다. 정면은 12.0+12.0+12.0척=36척이고 측면은 7.0+12.0+7.0척=26.0척으로 산정되어 정면과 측면의 비는 약 1.38:1이다. 기단위에는 외진주열에 12개의 기둥이 놓였다. 불단은 내부의 정중앙 뒤에 설치되었고 내부에는 모두 마루를 깔았다. 정면의 각 칸과 측면

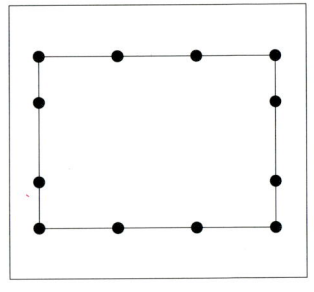

개심사 대웅보전 평면도

중앙칸의 주칸은 모두 12척으로 같은 수치로 계획되었다. 건물내부에는 기둥이 놓이지 않아 건물을 가로지르는 대량은 전·후 어칸 위에 놓여 26척이나 된다. 조선 초기의 건물은 이 건물과 같이 내부에 기둥을 두지 않는 평면 형태를 보이지만 조선 중기로 들어가면 대부분 불단 뒤로 불벽고주가 놓인다.

환성사 대웅전環城寺 大雄殿은 조선 인조 13년(1635)에 중창한 것으로 전해온다. 전각의 평면 규모는 정면5칸, 측면4칸이다. 정면은 7.80×5칸=39.0척이고

▲ 환성사 대웅전 전경

측면은 7.8×4칸=31.2척으로 산정되어 정면과 측면의 비는 약 1.25:1이 다. 기단 위에는 외진주열에 18개의 기둥이 놓이고, 건물내부 뒤쪽에 4개의 불벽기둥을 세워 그 앞쪽에 불단을 배치하였고 내부에는 모두 마루를 깔았다. 건물의 각 칸을 모두 7.8척으로 계획하여 주칸의 통일성을 가지고 있다.

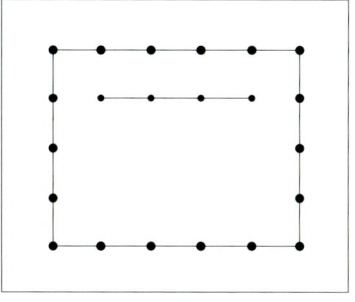

환성사 대웅전 평면도

관룡사 대웅전觀龍寺 大雄殿은 조선 만력정사(萬曆丁巳, 1617)에 중건된 건물로 전해져 내려온다. 전각의 평면 규모는 정면 3칸, 측면 3칸이다.

정면은 8.88+12.42+8.88척=30.18척이고 측면은 8.25×3칸=24.75척으로 산정되어 정면과 측면의 비는 약 1.21:1이 된다. 기단 위에는 외진주열에 12개의 기둥이 놓이고 건물 내부 뒤쪽에 2개의 불벽기둥을 세워 불단을 배치하였

▲ 관룡사 대웅전

는데 내부에는 모두 마루를 깔았다. 건물의 주간 계획에서 정면의 어칸을 협칸에 비해 약 3.5척 크게 하였고 측면의 각 칸은 8.25척으로 동일한 수치를 보인다.

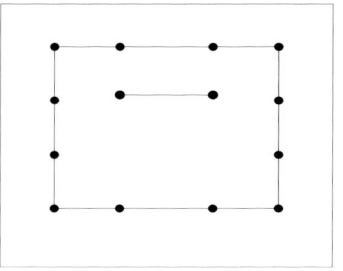

관룡사 대웅전 평면도

율곡사 대웅전栗谷寺 大雄殿은 조선시대 강희康熙 18년(1679)에 중건된 건물로 전해져 내려온다. 대웅전의 평면 규모는 정면3칸, 측면3칸이다. 정면은 11.28+12.32+11.28척=34.88척이고 측면은 7.22+8.21+7.22척=22.67척으로 산정되어 정면과 측면의 비는 약 1.53:1이

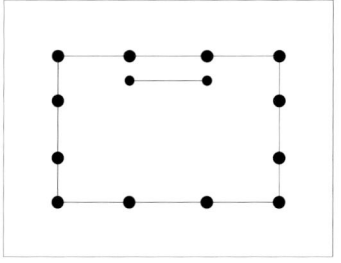

율곡사 대웅전 평면도

된다. 기단 위에는 외진주열에 12개의 기둥이 놓이고, 건물 내부 뒤쪽에 2개의 불벽기둥을 세워 불단을 배치하였고, 내부에는 모두 마루를 깔았다. 건물의 주간 계획에서 정면과 측면의 어칸을 협칸에 비해 약 1.0척 크게 하였다.

불갑사 대웅전佛甲寺 大雄殿은 창건 후 수차례 수리를 거친 것으로 보이며 현재의 건물은 조선 광해군(1608~1623) 때에 재건된 것으로 보인다. '佛甲' 이란 명칭은 이 지역에 불교가 처음 당도하였다는 의미로 간지의 첫 번째인 '甲'을 사용하였다고 한다.

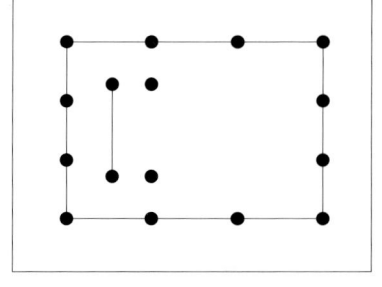

불갑사 대웅전 평면도

▲ 불갑사 대웅전

대웅전의 평면 규모는 정면 3칸, 측면 3칸이다. 정면은 12.27+12.24+12.27 척=36.78척이고 측면은 8.11+8.21+8.21척=24.53척으로 산정되어 정면과 측면의 비는 약 1.50:1이다. 기단 위에는 외진주열에 12개의 기둥이 놓였는데 우주의 직경은 평주에 비해 비교적 큰 편이다. 건물 내부에서는 정면의 협칸 주열에 맞추어 2개의 기둥을 세우고 그 뒤에도 2개의 내주를 세워 불단을 형성하였다. 건물의 주 출입 동선은 가람의 축선에 맞추어 정면은 서향하였지만 불상은 측면방향으로 남향하였다. 때문에 정면인 동측과 남측에는 모두 창호가 있어 개방성이 강조되어 있다. 건물내부에서 불상이 건물의 정면축을 향하지 않고 측면축을 향한 배치수법은 고려시대 건물인 부석사 무량수전과 동일하다.

위봉사 보광명전威鳳寺 普光明殿은 강희 12년(1675)에 기와공사를 한 기록이 있으므로 현재의 건물은 조선중기 이전으로 보인다. 보광명전의 평면 규모는 정면 3칸, 측면 3칸이다. 정면은 12.41+12.41+12.41척=37.23척이고, 측면은

▲ 위봉사 보광명전

6.75+12.89+6.75척=26.39척으로 산정되어 정면과 측면의 비는 약 1.41:1이다. 기단 위에는 외진주열에 12개의 기둥이 놓이고, 건물 내부 뒤쪽에 2개의 불벽기둥을 세워 불단을 배치하였다. 건물의 주칸은 정면에서는 동일하고, 측면에서는 어칸이 측면 협칸의 약 2배가 되었다.

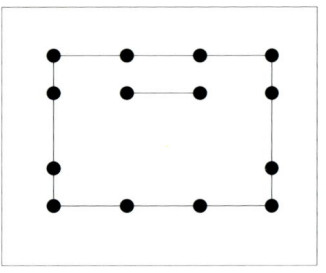
위봉사 보광명전 평면도

개암사 대웅보전開巖寺 大雄寶殿은 조선 인조 14년(1636) 계호대사戒浩大師가 중건한 기록이 보이므로 현재의 건물은 조선중기 이전으로 보인다. 대웅보전의 평면 규모는 정면 3칸, 측면 3칸이다. 정면은 12.37+14.37+12.37척

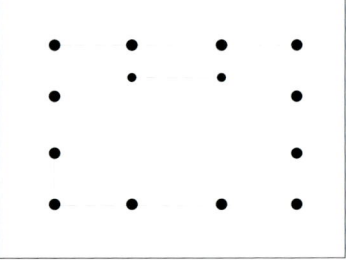
개암사 대웅보전 평면도

▲ 개암사 대웅보전

=39.11척이고 측면은 8.27+9.20+8.27척=25.74척으로 산정되어 정면과 측면의 비는 약1.52:1이다. 기단 위에는 외진주열에 12개의 기둥이 놓이고 건물 내부 뒤쪽에 2개의 불벽주를 세워 불단을 배치하였다.

화암사 극락전花嚴寺 極樂殿은 그 창건 연대가 백제로 거슬러 올라가지만 현재의 건물은 묵서명에 의하여 조선 선조 33년(1600)에 중건된 것으로 보인다.

극락전의 평면 규모는 정면 3칸, 측면 3칸이다. 정면은10.00+12.00+10.00척 =32척이고 측면은 5.00+10.00+5.00척 =20척으로 산정되어 정면과 측면의 비는 약 1.60:1이다. 기단 위에는 외진주열에 12개의 기둥을 놓고, 건물 내부 뒤쪽에 불벽기둥 없이 불단을 설치하였고, 내부에는 모두 마루를 깔았다. 건물의 주칸은 정면에서 어칸이 협칸보다 2척

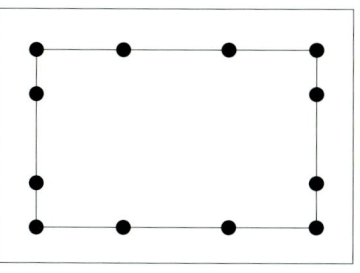

화암사 극락전 평면도

▲ 화암사 극락전

정도 크며 측면에서는 어칸이 협칸의 2배가 되었다. 기둥을 받치고 있는 초석은 모두 가공을 하지 않은 자연석 주초이다. 이 건물의 포작은 우리나라에 유일하게 남아 있는 하앙계 포작이다.

중국의 송식 하앙계와 비교해 보면 결구부분에서 많은 변화가 있음을 알 수 있다. 사찰공간에서 중요한 위치를 차지하고 있는 불전은 삼국시대에는 내외로 열주列柱를 형성하는 전형적인 형태이지만, 하대로 내려오면서 건물 내부 기둥의 위치 변화가 일어난다. 즉 기둥의 위치가 이동하여 주칸이 넓어지거나 혹은 생략되어 이주법과 감주법이 이미 계획 단계에서 이미 시행되었음을 알 수 있다. 그리고 측면칸의 너비에 따라 대량9) 길이가 정해지면서 결구 방법에도 여러 가지 법식이 있었던 것으로 보인다. 그러나 조선중기 이후가 되면 많은 사찰에서 불전의 평면이 정면3칸, 측면3칸을 채택하게 되었는데 이것은 당시의 경제력과 깊은 관계가 있었던 것으로 보인다. 이러한 예로 전

---

9) 중국건축에서는 椽木의 개수에 의하여 梁의 名稱이 정해져 四椽栿, 六椽栿, 八椽栿, 十椽栿으로 분류가 되

북 부안 내소사來蘇寺 대웅전, 경북 청도 대비사大悲寺 대웅전, 경기 강화 전등사傳燈寺 대웅전, 부산 동래 범어사梵魚寺 대웅전, 전남 해남 미황사美黃寺 대웅전 등이 있다.

무량사 극락전 無量寺 極樂殿은 1998년 국립문화재연구소에 의하여 정밀실측 조사되었는데 이때 발견된 기록에 의하여 1630년대에 중창된 건물로 밝혀졌다.

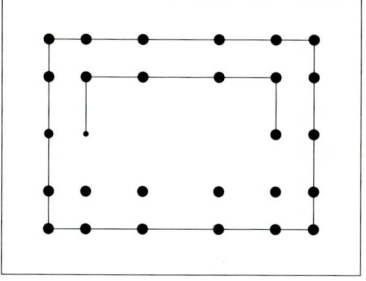

무량사 극락전 하층 평면도

무량사 극락전의 선물은 외부에서 보아 중층을 이루고 있으나 내부에서는 통층을 이룬다. 건물 규모의 기준이 되는 하층평면은 정면 5칸, 측면 4칸이다. 1층 정면은 8.20+12.35+16.40+12.35+8.20척=57.20척

▲ **무량사 극락전**

▲ 무량사

이고, 측면은 8.20+12.35+12.35+8.20척=41.10척으로 산정되어, 정면과 측면의 비는 약 1.40 : 1이다. 건물 내부 바닥에는 모두 마루가 깔려 있으며 1층 후면의 내진주열 앞쪽으로 비교적 큰 규모의 불단을 설치하였다. 기둥을 받치고 있는 초석은 모두 가공을 하지 않은 자연석 주초이다. 이 건물의 가구는 중국의 중층 목구조 발전 단계로 보면 이미 전각식殿閣式 누각에서 내주가 상층까지 올라가는 청당혼합식 중층구조로 바뀌어졌음을 알 수 있다.[10]

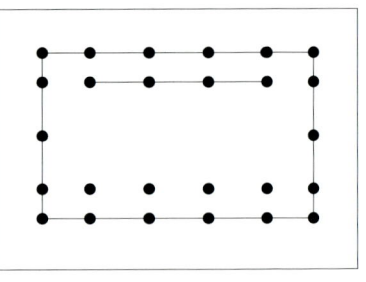

마곡사 대웅보전 하층 평면도

마곡사 대웅보전 麻谷寺 大雄寶殿은 자세한 기록은 찾아 볼 수 없으나 건물

---

10) 呂江,『唐宋樓閣建築研究』, 建築史論文集第 十集, 淸華大學 建築系編, 1988, 11.

에 남아있는 기법으로 미루어 보아 임진왜란 때 소실된 것을 조선 효종연간 (1650~1659)에 중창한 것으로 보인다. 대웅전은 외부에서 보아 중층을 이루고 있으나 내부에서는 통층을 이루고 있다. 건물 규모의 기준이 되는 하층평면 규모는 정면 5칸, 측면

▲ 마곡사 대웅보전

4칸이다. 정면은 8.25+10.16+10.13+10.23+8.18척=46.95척이고 측면은 5.19+9.14+9.34+5.13척=28.80척으로 산정되어 정면과 측면의 비는 약 1.63:1이다. 그리고 상층평면은 전신내주가 상층까지 연결되었으므로 하층평면에서 각 협칸을 제외한 전신내주 평면공간이 된다.

화엄사 각황전 華嚴寺 覺皇殿은 임진왜란 때 소실된 것을 조선 숙종 28년(1702)에 중건하였다.

각황전 규모의 기준이 되는 하층평면은 정면 7칸, 측면 5칸이다. 정면은 10.10+12.91+14.02+13.97+13.95

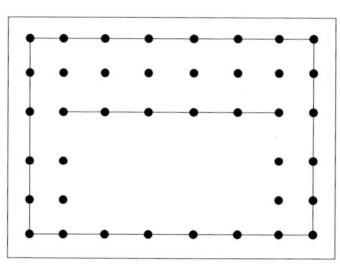

화엄사 각황전 하층 평면도

+13.07+10.13척=88.16척이고 측면은 10.23+13.08+13.90+13.18+10.00척 =60.19척으로 산정되어 정면과 측면의 비는 약 1.47:1이다. 그리고 상층평면은 1층 외진주열과 내진주열 사이의 툇보 위에 놓여 무량사 극락전이나

마곡사 대웅보전의 상층 평면수법과는 다르다. 이러한 상층 기둥의 배치법은 이 건물에서 뿐만 아니라 북한의 평양 보통문과 대동문, 수원의 팔달문과 장안문 등 다수의 중층 건물에 나타나고 있다. 이러한 형태의 기둥배치법을 '반칸통층형' 과 '일칸통층형' 으로 분류한 학설도 있다.[11]

▲ 화엄사 각황전 전경

▲ 화엄사 대웅전 전경

11) 金奉建,『傳統中層木造建築에 關한 研究』, 서울대학교 대학원 박사학위논문, 1994.

〈 한국과 중국의 전당 정·측면 비 〉

	건 물 명	창건년대	정면a	정면b	a:b
중 국	남선사 대전	782년	11,750mm	10,000mm	1.18:1
	불광사 대전	857년	34,000mm	17,640mm	1.93:1
	당초제사 금당	795년	33,820mm	13,600mm	2.50:1
	보국사 대전	1013년	11,830mm	13,380mm	0.88:1
	봉국사 대전	1020년	48,200mm	25,130mm	1.92:1
	하화엄사 박가교장전	1038년	25,260mm	18,470mm	1.39:1
	선화사대웅보전	11세기	40,540mm	24,950mm	1.63:1
	융흥사마니전	1052년	35,000mm	28,000mm	1.25:1
	불광사문수전	1137년	31,400mm	17,700mm	1.78:1
	화엄사대웅보전	1140년	53,900mm	27,500mm	1.95:1
	승복사미타전	1143년	40,940mm	22,300mm	1.83:1
	소림사 초조암	1125년	11,140mm	10,700mm	1.00:1
	영락궁 삼청전	1262년	28,440mm	15,280mm	1.87:1
	광승하사대전	1309년	27,880mm	16,100mm	1.74:1
	연복사대전	1317년	8,510mm	8,610mm	0.98:1
한 국	사천왕사금당지	584년	163曲尺	81曲尺	2.00:1
	정림사금당지	584년	119.5曲尺	66曲尺	1.80:1
	미륵사중금당지	634년	31.0曲尺	22.6曲尺	1.42:1
	봉정사극락전	682년	52.0曲尺	30.0曲尺	1.70:1
	부석사무량수전	7세기	57.5曲尺	38.5曲尺	1.49:1
	수덕사대웅전	7세기	51.9曲尺	33.66曲尺	1.50:1
	심원사보광전	7세기	65.34曲尺	46.00曲尺	1.41:1
	무위사극락전	13세기이전	38.50曲尺	23.20曲尺	1.53:1
	개심사대웅보전	13세기이전	38.50曲尺	23.20曲尺	1.53:1
	봉정사대웅전	1308년	46.75曲尺	35.56曲尺	1.31:1

건 물 명		창건년대	정면a	정면b	a:b
한 국	환성사대웅전	16세기전후	39.00曲尺	32.20曲尺	1.25:1
	관룡사대웅전	16세기전후	30.18曲尺	24.75曲尺	1.21:1
	율곡사대웅전	16세기전후	34.88曲尺	22.67曲尺	1.53:1
	불갑사대웅전	17세기전후	36.78曲尺	24.53曲尺	1.50:1
	위봉사보광명전	17세기전후	37.23曲尺	26.39曲尺	1.41:1
	개암사대웅전	17세기전후	39.11曲尺	25.74曲尺	1.52:1

중국과 한국 불전 평면의 비고

쌍조주망주잡차양불전중심형雙槽柱網周匝副階佛殿中心型

이 유형의 평면은 유적으로 전해오는 경주 황룡사의 중금당과 동 서금당, 부여 정림사 금당 등이다. 이들 건물의 평면은 井자형 주열로 외진기둥과 내진기둥을 구성하고 중앙주열칸에 불단을 배치한 형식이다. 평면에서는 감주법이 나타나지 않고 일정한 너비로 주열이 형성되었다. 6세기~ 7세기의 금당평면에서 정면과 측면의 비는 황룡사 중금당은 약 2 :1, 동금당은 1.8 :1, 정림사 금당은 1.54:1의 비를 나타낸다. 이들 건물에는 모두 하층기단의 바깥으로 차양칸을 설치했던 주초가 확인되었다. 또한 황룡사 동금당의 평면은 송『영조법식』'殿閣地盤殿身七間副階周匝各兩架椽身內金箱 斗底槽'와 거의 동일한 평면 형태를 보여주고 있다. 황룡사 중금당은 동금당의 평면에서 정면 주칸만 2칸이 더 크다. 결국 이러한 형태의 평면은 상부가구에서 전당형의 가구를 형성했던 것으로 추정해 볼 수 있다.

쌍조주망불전중심형雙槽柱網佛殿中心型

이 유형의 평면은 쌍조주망주잡차양중심불전형 평면에서 차양칸이 생략된 평면으로 중국 오대산의 불광사 대전, 한국의 분황사지 금당, 감은사지 금당, 사천왕사지 금당 등 여러 유적에서 확인되고 있다. 이 건축물은 외진 기둥과 내진 기둥으로 평면을 구성하고 측면 뒤쪽의 주열상에 불단을 배치하였는데 불광사 대전에서는 불단의 뒤쪽과 그 양측으로 황룡사지 중금당과 같이 벽체를 구성하였다. 역시 감주법이 나타나지 않고 일정한 간격으로 주열이 형성되었다. 7세기 이후의 대불전형 평면으로 이들 건물의 정면과 측면의 비는 불광사 대전에서 약 1.75:1, 감은사지 금당에서 1.7:1, 사천왕사 금당에서 1.49:1의 비를 나타낸다. 이러한 평면의 유형은 미륵사지 금당, 왕궁리 사지 금당 등 많은 실예를 찾을 수 있어 당시 중·한 양국 가람에서 유행했던 하나의 평면 유형으로 보인다.

쌍조감주불단후진형雙槽減柱佛壇後進型

이 유형의 평면은 중국의 봉국사 대전(1020), 상화엄사 대웅보전(1038), 선화사 대웅보전(11세기), 숭복사 미타전(1143)등으로 주로 요·금대 건축이 주류를 이루고 있다.

이들 평면의 특징은 대부분 불단이 내부의 중앙에 놓이지 않고 측면의 뒤쪽으로 1칸 또는 반 칸씩 물러나고 있다. 봉국사 대전의 내부평면은 4열의 주열을 기본으로 하고 제1열과 제3열 6개 기둥을 감주하여 제3열 공간에 불단을 만들어 불단후진형佛壇後進型을 이루었다. 그리고 상화엄사 대웅보전은 건물의 내부에서 봉국사 대전과 마찬가지로 4열의 열주列柱가 기본을 이루지만 앞쪽에서부터 제3열과 4열 중간에 불벽기둥을 세워 그 앞쪽으로 불단을 놓아 역시 불단후진형을 이루었다. 숭복사 미타전도 역시 이러한 평면을 보여주고 있다.

이러한 불단후진형 평면은 한국의 불국사 대웅전과 극락전 등 여러 건물에서 사용되기 시작하였다. 그 이후 고려와 조선시대를 거치면서 정면 3칸, 측면 3칸 평면의 불단배치 방식의 주류를 이루었다. 이 시기 중국에서도 소규모 불전이 산서지방을 중심으로 한·원대 사찰건물에서 많이 사용되었다.

무내주통칸형無內柱通間形

건물 내부에 기둥이 놓이지 않고 일반적으로 정면의 어칸은 협칸에 비해 넓다. 소규모 불전에서 많이 채용된 평면형으로 오대산 남선사 대전에서부터 한국의 조선초기 건물인 무위사 극락전, 고산사 대웅전, 개심사 대웅보전 등에서 보이는 평면 형태이다. 이들 건물은 상부가구에서 대량(전·후면 처마 기둥 위에 놓인 량)이 전·후면에 결구되므로 대량의 길이가 바로 측면칸이 된 다. 내부공간의 활용은 좋지만 양梁을 선정하는 작업은 매우 곤란하였을 것 이다. 이러한 문제점을 해결하기 위하여 불단의 뒷면에 불벽기둥을 세우는 방식이 출현하게 되었다고 보인다.

쌍조사주불단중심형雙槽四柱佛壇中心型

이 유형의 평면은 중국의 남방지역인 무의 언복사 대전, 불신조묘, 조정매 암 대전, 한국의 충남 수덕사 대웅전 등에서 나타나는 평면형이다.

건물내부의 중앙에 4개의 고주가 놓이고 그 앞쪽에 불단이 설치된다. 이들 건물의 상부가구 수법은 우미량牛尾樑를 결구하는 수법을 보이고 있는데 이 는 중국에서도 장강 이북에서는 보이지 않는 수법이다. 이러한 기법의 중 국 남방 건축적인 요소가 수덕사 대웅전 등 서해안 인접지역 건물에 보이고 있는 것은 매우 흥미로운 일이다.

특수형特殊形

하북 정정에 있는 융흥사 마니전과 한국 영주 부석사 무량수전, 영암 불갑 사 대웅전을 그 예로 들 수 있다. 융흥사 마니전은 亞자형 평면에 사방으로 출입문을 설치하였다. 이러한 평면은 북경의 벽운사碧雲寺 나한당에서도 보 인다. 한국의 부석사 무량수전과 불갑사 대웅전은 여느 건물과 달리 불단의 위치가 측면에 설치되어 있는데 이는 불교 교리와 관계가 있었던 것으로 보 인다.

또 하나의 특수형 평면으로는 중층건물인 독락사 관음각, 융흥사 전륜장전

轉輪藏殿 등으로 이들 평면은 목구조 형식이 체계화함에 따라 점차 구조 형식과 긴밀한 관계를 가지게 되었다.

중국 건축발전사를 보면 건물의 주칸은 일반적으로 작은 것에서 큰 것으로, 불규칙적인 것으로부터 규칙적인 것으로 발전해 왔다. 중국 남북조이전의 건축 유적에서 기둥柱 배열의 방식은 상당히 불규칙적인 것이었다. 당시의 목구조 건축형식은 아직 종가縱架[12] 상태에 있었고, 종가식 구조는 엄격한 기둥柱 배치 형태를 강요하지 않았기 때문이다. 수·당대에 들어와서 횡가橫架[13]식 구조가 확립되면서, 기둥柱의 배치는 일정한 규칙을 가지게 되었다. 당대 대명궁내의 인덕전이나 함원전은 당대 최고 등급의 건물이지만 주칸은 약 5m 정도에 불과하며, 내부공간에서 제일 큰 스팬(span)은 약 8m 정도이다.

이러한 사실로 미루어 보면 당시 기술적인 제약 때문에 더 큰 주칸을 만들 수 없었던 것으로 추정되며 이후 목재의 역학성능에 대한 이해가 깊어지면서 부재 조립기술(예 : 맞춤의 발달) 등의 진보로 점차 주칸이 확대되었다. 『영조법식營造法式』에서 건축물의 평면 척도, 주칸, 기둥 높이 등에 대하여 상세히 기술하지 않았는데 이 당시에는 이미 건축기술이 상당한 수준에 이르러 기본적인 부재치수를 응용하면 원하는 주칸을 정할 수 있었다고 보아진다. 뿐만 아니라 이미 건물의 기본적인 치수가 정해져 있었기에 이를 응용한다면 얼마든지 기능에 적당한 주칸을 정할 수 있었을 것이다.

---

12) 건물의 가구는 주로 도리방향의 부재로 구성하는 구조 형식.
13) 건물의 구조는 주로 보방향의 가구로 구성하는 구조형식

柱間과 用尺의 설정

한자문화권의 영향을 받은 동아시아 지역에서 척도의 기본 단위로 사용된 것은 척尺 이었다. 물론 이러한 단위가 규정되기 이전 각 지역에서는 서로 다른 형태의 단위가 있었을 것으로 추정되지만 확실히 밝히기는 어렵다. 더욱이 우리나라의 경우에는 고대기록이 모두 한자로 되어 있어 기록 그 자체가 한자문화의 영향을 받은 이후의 것이므로 그 이전의 문화양상을 살펴본다는 것은 더더욱 어려운 일이다. 다만 지금 우리가 지금 흔히 사용하는 한 뼘, 한 길, 한 발, 한 아름 등의 용어는 인체를 기준으로 한 척도 단위로 세계의 이느 지역에서나 가장 보편적으로 사용했던 원시적인 척도로 볼 수 있다.[14]

한반도에서 척의 단위가 언제부터 정착되어 실제건물의 평면계획에 적용되었는지에 대해서는 확실한 기록이 없어 정확히 알 수 없지만 발굴조사에서 출토된 유물과 실제 건물지 유구를 통해서 당시의 척도를 유추해 볼 수 있다.

지금까지 우리나라에서 확인된 제일 오래된 1자로 추정되는 유물은 창원 다호리 1호 무덤에서 출토된 기원전 1세기경의 붓이다. 이 붓은 천평저울 추 4점과 함께 출토되었는데 이 붓의 길이는 23㎝ 내외로 중국 전국시대부터 후한대까지 사용된 1척과 상통한다고 하였다. 그리고 부여지역의 쌍북리에서 출토된 1자의 길이는 29㎝인데 이 1척은 북위에서 시작된 당척唐尺으로 보았으며 능산리陵山里에서 출토된 길이 24.5㎝의 목간은 남조척자로, 궁남지宮南池에서 출토된 35㎝의 목간은 고구려척 1자로 보았다.[15] 그리고 경기도 이성산성二聖山城에서 출토된 고구려 척은 35.6㎝ 내외인데 이러한 척도를 1자로 보았을 때 백제시대의 최대가람이었던 익산의 미륵사지와 신

---

14) 吳洛,『中國度量衡史』, 臺灣商務印書館, 1937, p.11-16.
15) 국립부여박물관,『百濟의 度量衡』, 2003, p.22-31

라시대의 최대가람이었던 황룡사지에서는 35.6㎝ 내외의 고구려척이 사용되었음을 확인 할 수 있었다. 이와 같은 척도는 건물의 기능과 지역적 요소, 시대적인 요소를 반영하고 있으므로 건물의 평면결정 과정에서 매우 중요한 요소로 작용한다.

▲ '서부후항' 먹글씨목간 (출처 : 국립 부여박물관)

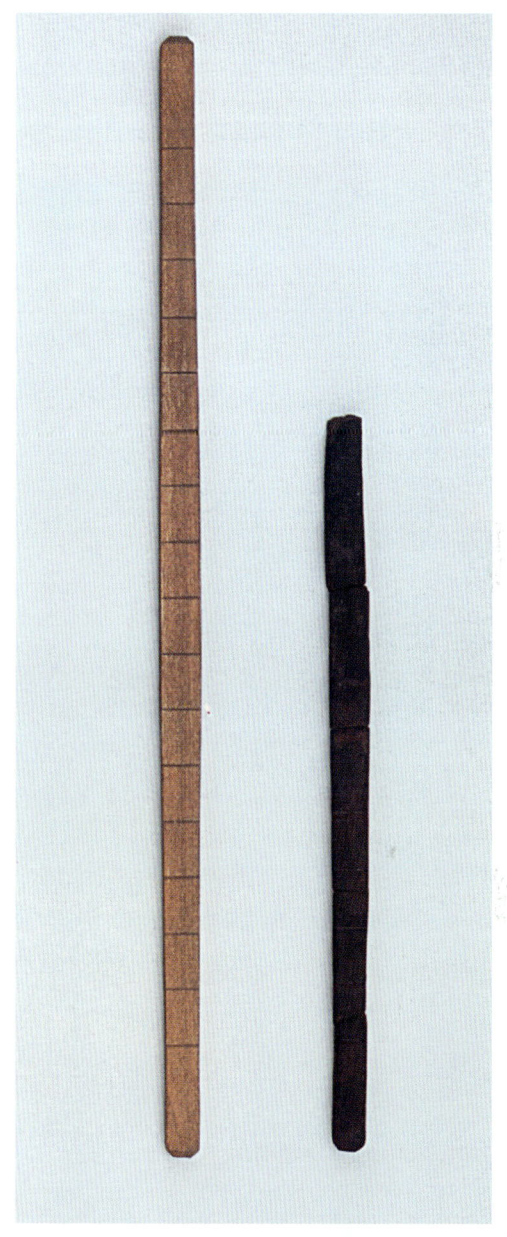

▲ 부여 쌍북리 자 (출처 : 국립 부여박물관)

중국의 석굴가람

석굴사石窟寺는 인도에서 기인한 것이지만 중국 불교건축사에서 빼놓을 수 없는 부분이다. 산애절벽山崖絶壁을 뚫어 석굴을 조성한 시기는 한대의 애묘崖墓로부터 시작하여 유구한 전통을 가지고 있다. 남북조시대부터 절벽을 뚫어 석굴을 만드는 풍조가 전국에 퍼져 서쪽은 신강新疆, 동쪽은 산동山東, 남쪽은 절강浙江, 북쪽은 요령遼寧에까지 영향을 미쳤다. 이 시기의 석굴은 지금까지 남아 있어 건축사에서 뿐만 아니라 조각, 벽화 등에서도 중국 고대문화의 고귀한 유산이 된다.[1]

▲ 돈황 막고굴 원경

돈황 막고굴 敦煌 莫高窟은 중국의 서부지역인 감숙성甘肅省 돈황현敦煌縣 소재지에서 동남쪽 25km 지점에 있으며 일명 천불동千佛洞이라고도 한다.[2]

석굴은 명사산鳴沙山 동쪽기슭의 해발 1,330m 벼랑에 조성되었다. 석굴의 앞쪽으로는 하천이 있으나 우기雨期에만 물이 흐르고 일반적으로는 건천乾川

---

1) 劉敦禎, 『中國古代建築史』, 中國建築工業出版社, 1995 p87.
2) 김광성 編著, 『中國名勝古蹟』, 연변인민출판사, 1994.

이다. 석굴이 조성된 남북의 길이
는 1.6km에 달하며, 조성시기가 조
금씩 다른 상·하 5층으로 된 경우
도 있다. 이 석굴은 전진 건원建元 2
년(362)에 조성되기 시작하여 당대
의 무후칭제武后稱帝 때는 이미
1,000여기의 굴이 있었다고 한다.

지금 보존된 석굴은 북위시대부터
원대에 이르기까지 다양하며 벽화
및 조각이 있는 곳이 492개, 각종 불
상이 2,100여개이다. 이들 중 308개
가 수당시대(581~618)에 조성된 것으
로 전체 석굴의 2/3정도를 차지한

▲ 돈황 막고굴 입구의 부도

다. 석굴에 그려진 벽화를 면적으로 계산하면 45,000㎡나 된다.[3] 벽화의 내용
은 다양하여 당대唐代의 불사, 주택, 궁궐, 성곽 등으로 크게 나누어 볼 수 있다.

돈황석굴敦煌石窟의 평면형식과 지붕의 형식에 대해서는 이미 중국에서 많
은 연구가 이루어졌다.[4]

수대에 조성된 제 423석굴은 평면
상으로 볼 때 장방형 평면에 가운
데에 탑이 있는 형식이다. 여기에
서 중요한 벽화는 미륵경변도彌勒經
變圖인데, 불전이 앞으로 나오고 그

▲ 관람로가 정비된 막고굴

---

3) 楊永生 主編, 『古蹟遊覽指南』, 中國建築工業出版社, 1986
4) 簫默, 『敦煌建築研究』, 文物出版社, 1989.10. 필자는 이 논문에서 돈황석굴의 평면을 中心塔形式, Vihara式,
   覆斗式, 涅槃式, 大佛窟, 背屛式, 기타형식으로 분류하였다.

중당(中唐) 제58굴 벽화

뒤 양측으로 3층 건물이 배치되어 있다. 이것을 탑으로 본다면 『낙양가람기 洛陽伽藍記』에 기록된 영녕사永寧寺 배치에 나타났던 전탑후불전형식前塔後佛 殿形式은 변화를 가져오고 있어 매우 흥미롭다.[5]

또한 수대의 제433석굴에 나타난 벽화는 3칸 건물의 좌우로 회랑없이 ∩자 형의 배치를 하고 있고 당초기에 만들어진 제338석굴의 북벽에는 건물을 중심으로 좌우에 난간이 표현된 경우인데 불전의 배면에 회랑을 두어 3개의 건물이 연결되게 되었다. 그리고 초당시기의 제205석굴 북벽 아미타경도阿彌陀 經圖에 나타난 벽화에서는 대전을 중심으로 약간 뒤쪽으로 좌우에 2층의 루가 있고, 그 앞쪽으로도 2층의 루를 두어 전부 누각식건물군을 이룬 경우이다. 이 건물들의 전면으로는 양측으로 2개의 평대를 만들어 놓았다. 이러한 배치와 비슷한 경우는 제217석굴 북벽에 나타난 무량수경도無量壽經圖인데

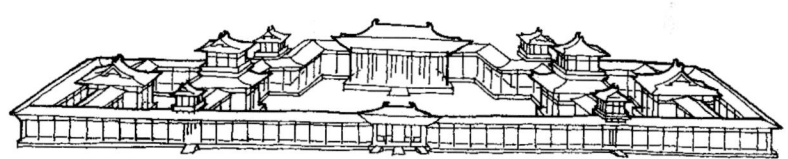

중당 제205굴 북벽 미륵경변도

---

5) 막고굴 도면자료는 『돈황건축연구』에서 발표된 것을 전재하였음을 밝혀둔다.

제205석굴에 나타난 벽화에 비해 많은 건물군이 보이고 있어 사원의 규모가 방대함을 볼 수 있다.

또한 당 중기에 조성된 또 하나의 무량수경 벽화로 제172석굴 북벽을 들 수 있는데 중층대전을 중심으로 ∩자 형태의 대소건물을 좌우에 배치하였고 그 전면으로 여러 층의 대를 만들었다. 여기에서 특히 눈에 띄는 것은 불전의 전면기단인데 건물에 비해 앞쪽으로 넓은 공간을 마련하였다.

▲ 돈황석굴 앞 중층 누각

이러한 공간은 당대 이후 여러 사찰의 대웅전에서도 쉽게 찾아 볼 수 있으며, 이 공간은 한국 궁궐 정전의 전면공간인 월대와 비슷한 평면을 보여준다. 당 중기에 그려진 아미타경도의 예로는 제15석굴, 제361석굴 벽화를 들 수 있다.

제15석굴은 건물의 전면 좌우에 중층건물이 있고 그 주위로 ∩자 형태의 회랑을 두르면서 꺾어진 부분에 누각이 있는 경우를 나타내었고 제361굴의 남벽에 묘사된 벽화는 중문과 대전이 축선상에 놓이고 그 주위로 회랑을 두르면서 종루 등 부속건물이 표현된 경우이다.

제85굴의 북벽에 있는 이 벽화에서 특징적인 것은 이제까지 불전의 전면과 그 좌우에 배치되던 건물이 북쪽의 회랑 뒤편에 또 하나의 구획을 형성하여 건축군을 이루고 있다.

또 제 148굴 동벽에 묘사된 벽화에서도 중층의 불전과 그 뒤편으로 긴 회랑

▲ 명사산과 오아시스

이 지나가고 또 하나의 원院을 형성하는 공간배치를 하였다. 이러한 배치는 교리에 의한 것인지 아니면 교세의 확장에 따른 공간 수요에 따른 것인지는 좀 더 연구해야할 과제이다.

또 하나의 배치예로는 중당기의 제85굴, 성당기[6]의 제148굴을 들 수 있는데 이들 벽화는 모두 미륵경변도이다. 이들 벽화에서는 중원을 중심으로 그 동서에 각각 하나의 구획된 원이 병렬로 된 공간을 이루고 있다는 점이다.

제231굴의 북벽에 나타난 벽화에서는 중원의 중층불전을 중심으로 동·서원 방향에 각각 출입문을 두었다. 각 원에서는 모두 중층건물이 놓였고 그 주위로는 회랑이 둘러져 있는데 동서원의 중층건물은 모두 중원을 향하고 있어 중원이 사원의 중심이었음을 알 수 있다.

또 만당기의 제85굴에서는 중기의 제231굴과 같이 독립된 공간을 가지고

---

6) 중국에서는 당대(581~907)를 초당기(618~690), 성당기(690~712), 중당기(712~859), 만당기(860~907)로 구분하고 있다.

중당 제231굴 북벽 미륵경변도

있으면서도 동·서원에 또 하나의 구획된 공간을 이루었다. 이때 서원에서는 중층건물이 놓였고, 동원에서는 탑이 놓이는데 건물의 방향은 여전히 중원을 향하고 있음을 볼 수 있다. 그러나 중원의 동서방향에서는 제231굴에 표현된 동서방향 출입문은 없으며 높은 담장으로 처리되었다. 동·서원에서는 중문주위로 회랑을 두르고 꺾어진 부분에서는 각루를 설치하였다.

성당기에 그려진 제148석굴 남벽에 묘사된 또 하나의 벽화는 전자에서 보여준 동·서원이 있으나 독립된 회랑으로 공간의 분화가 이루어지지 않고, 전면에 긴 회랑을 두고 중원의 중문을 향해 진입하여 다시 동·서원으로 이어지는 동선을 이루고 있다.

동·서원에는 역시 중층건물이 놓였고 그 뒤로 또 하나의 작은 공간을 회랑으로 막아 공간의 분화를 꾀하였다. 그러나 모든 건물의 방향은 중원을 향하고 있고 주위로는 모두 회랑이 둘러져 있다. 이 벽화에서 나타난 미륵경변상도는 우리나라 백제사찰로 알려져 있는 전북 익산의 미륵사와 일맥상통하고 있다는 느낌이 든다.

전체적인 가람의 형태는 거의 비슷한데 익산 미륵사지에서는 중원과 동·서원에 각각 금당이 놓이고 그 전면으로 탑이 배치되어 중원, 동원, 서원의 탑이 동서 축선상에 놓이고 중원의 금당 뒤편으로 강당이 있어 삼원三院이 공유하는 공간이 되었다.

용문석굴龍門石窟은 하남성河南省 낙양시洛陽市 남쪽 13km 지점에 있다. 동으로는 이향산裏香山과 용문산龍門山이 서로 마주보며 석굴의 앞쪽으로는 북류北流가 흐르고 있다. 이 석굴은 북위 때 낙양천도(洛陽遷都, 493)를 전후하여 조영되었으며 송나라 때까지 이어졌다.

동·서로 나누어진 암벽산에 남아 있는 감실龕室은 2,345개이고, 비각碑刻은 2,800건, 불탑 40여개이고, 불상은 10만여개에 이른다. 석굴 중 북위 때에 조성된 대표적인 감실은 빈양중동賓陽中洞, 연화동蓮花洞, 위자동魏字洞이고 당대에 조성된 감실은 봉선사奉先寺, 만불동萬佛洞, 잠계사潛溪寺, 간경사看經寺 및 대만 주불동大萬 仕佛洞 등인데 이 중 봉선사의 대로자나불감人盧舍那佛龕은 최대 규모를 자랑한다.

서봉西峯에 조영된 석굴은 보통 입구인 잠계사동에서 노동까지 20개 정도로 나누어 부른다. 석굴의 규모는 전체적으로 보아 전술한 막고굴보다 매우 협소한 편인데 여기서는 감실에 불상을 안치하는 것이 주된 목적이었다.

▲ 용문석굴 원경

▲ 용문석굴 봉선사 전경

　빈양동 석굴의 예를 들면 하부에 비교적 큰 석굴이 있고 측면과 상부로 작은 감실들이 무수히 많이 있다. 이 감실의 상부는 궁륭형을 이루고 있다. 또 고양동에는 작은 감실 상부에 기와지붕 형태의 조각이 있다. 처마에는 둥근 서까래와 도리가 두드러졌고, 지붕에는 용마루와 내림마루가 묘사되었는데 매우 정교하다.

　이런 모양의 지붕장식은 연화동 북벽에서도 보인다. 용문석굴에서 최대의 불상이 조각된 봉선사는 암벽에 깊지 않게 감실을 만들고 중앙에 노사나불盧舍那佛을 두고 그 좌우로 협시보살을 배치하고 양쪽 끝으로 천

▲ 용문석굴 봉선사 본존불

왕·역사상을 조각하였는데 그 조각이 매우 힘차다.

천룡산석굴天龍山石窟은 산서성 태원시太原市에서 서북방향인 천룡산 풍경명승구내風景名勝區內에 있다. 이 산은 정상부에 조성된 크고 작은 20여개의 석굴은 그 평면이 정방형 혹은 장방형으로 동봉東峰과 서봉西峰으로 나누어져 있다.

이들 석굴중 제 16굴은 평면이 정방형에 가깝고 석실의 앞쪽으로 팔각형

▲ 용문석굴 만불동

의 2개 기둥을 세우고 양측 모서리는 암벽에 연접하였다. 여기에 표현된 두 공은 매우 정교한데 이 석굴은 서기 560년에 만들어졌다.[7]

▲ 천룡산 석굴

▲ 천룡산 석굴 불감

　기둥은 팔각의 민흘림 기둥으로 연화초석 위에 놓였으며, 기둥의 상부에는
내반된 곡면을 가진 주두가 놓이고 그 위로 비교적 운두가 낮은 창방이 놓였
다. 두공은 일두삼승식一斗三升式인데 주칸의 인자대공人字臺工과 인자대공
사이에는 1조組의 보간포補間包가 놓였다. 첨차에는 권살수법卷殺手法이 뚜렷
하며 약간의 곡曲을 가지고 있다. 그 위에 놓인 소로小栔는 인자대공 상부에
놓인 소로보다 조금 작은데 이것은 인자대공이 비교적 크게 묘사되었기 때
문이다. 인자대공은 역시 완만하게 처리된 내반된 곡을 가지고 있는데 이런
형태의 인자대공은 대동大同의 운강석굴雲崗石窟에서도 많이 나타나는 건축
적인 요소이다.
　제16굴의 동측에 있는 제8석굴은 기둥이 거의 원형이고 주상에는 둥근 형
태의 주두가 묘사되었다. 송『영조법식』에서는 이 부재를 원로두圓櫨枓라고
부르고 있다. 감실입구에는 문설주와 문지방석이 잘 묘사되었고 감실의 상

---

7) 劉敦楨 主編, 앞 책, '天龍山16窟完成于 西紀 560年'

▲ 운강석굴 원경

부는 제16굴에서와 마찬가지로 궁륭형으로 처리되었다.

　동벽과 서벽에는 또 작은 규모의 석실이 여러 개 있고 특이하게 표현된 건축적인 요소는 둥근기둥이다. 천룡산 석굴에서는 간단하게 불감이 처리된 경우도 많다. 이 석굴은 한국에 잘 알려져 있지 않는 석굴 중의 하나이지만, 중국건축사에서는 매우 중요한 위치를 차지하고 있다.

　운강석굴雲崗石窟은 산서성山西省 대동시大同市에서 서쪽으로 16km 떨어진 무주산武周山 북애北崖에 있다. 이 석굴은 북위 때부터 조영되기 시작하였으며, 석굴이 조영된 동서의 길이는 약 1km정도로 현존하는 석굴은 53개이다.[8]

　이들 석굴 중 일부는 보존문제로 공개되지 않고 있으며 제5, 제6, 제9, 제10, 제11, 제12 석굴 등은 건축적인 조각수법이 비교적 많이 나타난다.

　시기적으로 나누어 이들 석굴을 전기, 중기, 후기로 분류하였는데 전기석

_____

8) 咎凱,『雲崗石窟』, 山西人民出版社, 1990.

▲ 운강석굴 제1굴 탑심주형 석굴　　　▲ 운강석굴 제3굴 내부 불상

굴은 제 16굴에서부터 제 20굴까지이다. 이들 석굴의 평면은 모두 타원형이고 석굴의 전면에 커다란 문이 있고 그 위로 창문을 설치한 경우도 있다.

이들 석굴의 공통된 특징은 평면에 비하여 주불상이 너무 크고 또 사방으로 작은 불상을 조각하여 굉장히 비좁은 느낌을 준다는 것이다. 천장은 궁륭형으로 처리하였다.

중기석굴은 문제文帝 집정시기(執政時期, 590~604)에 조성된 제5굴에서 제8굴이다. 석굴의 평면은 거의가 방형이며 전기에 비하여 규모가 조금 커졌고 석굴의 중앙에 거대한 탑심주塔心柱를 세우고 그 사방으로 불상을 안치하였는데 제6굴의 심주는 천장까지 닿는 형태로 처리되었다.

이들 석굴의 천장은 궁륭형, 혹은 방형, 장방형이다. 석굴의 벽면에는 모두 화려한 꽃무늬 조각상, 불화들로 가득차 있다. 벽화 및 불화 중에는 경전에 나타나는 교리적인 내용이 대부분이고 건축적인 많은 부재가 조각되어 있기

▲ 운강석굴 제9, 10굴 원경

▲ 운강석굴 제9굴 전실 북벽

▲ 운강석굴 제9굴 북벽 상부

도 하다. 석굴의 외부는 목조의 전랑殿廊이 있는데 제5·6굴은 앞쪽에 청淸
순치順治 8년(1651)에 건립한 정면5칸의 4층 누각형 건물이 지어졌다. 제9굴과
제10굴은 북위(470~493) 후기에 조영된 석굴로 평면상으로는 전면 열주로
연결되어 있다. 정면으로 보아 전실은 각 3칸이며 기둥 위로 큼직큼직하게
목조가구를 연결했던 홈 흔적이 보인다.

특히 제9굴의 전실문 상부에 표현된 두공과 지붕은 이 시대 건축을 보여주
는 좋은 예 중의 하나이다. 문설주의 좌우 위쪽으로는 천왕상이 버티고 있으
며 문미석門楣石에는 화려한 꽃무늬와 비천상이 조각되었다.

제10굴은 제9굴과 거의 같은 평면형태인데 문미석에는 지붕형태가 생략되
고 화려한 여러 가지 문양으로 마감되었다.

석굴의 전체적인 입면 구성요소도 제9굴과 거의 흡사하며 기둥, 지붕 등도
매우 잘 묘사되어 있어 당시 목조건축의 모습을 추정하는데 매우 귀중한 자
료라 할 수 있다.

▲ 운강석굴 제20굴

　중국석굴 건축에 나타난 평면적인 특징들을 개략적으로 분류하면 중국의 수 당대 전·후에는 수많은 석굴이 조영되었는데 초기의 석굴평면은 인도의 차이티야(Chaitya) 형식의 영향을 받은 중심탑주 평면이다. 그 대표적인 예로는 돈황의 북위 제 254석굴, 대동 운강의 북위 제6굴 등이다. 승원굴僧院窟인 비하라(Vihara)식은 탑주의 좌우로 승려들의 수도공간이 마련되어 차이티야보다 굴의 면적이 넓어지고 있다.

　돈황의 북위 제487굴, 서위 제285굴을 예로 들 수 있는데 그 수는 비교적 적은 편이다. 6세기로 접어들면 운강의 제9·10 석굴 전면에 있는 열주형식의 평면이 나타나게 되고 이들 열주 위로는 누각형의 건물이 첨가되는데 운강석굴의 제5·6굴과 송대에 복원된 돈황석굴의 누각이 대표적인 예가 된다. 우리나라의 석굴건축은 8세기에 조성된 경주의 석굴암石窟庵과 경북 군위삼존석굴軍威三尊石窟 뿐인데 이중 석굴암은 원형 평면의 중앙에 석가모니불을 안치하고 그 주위로는 십이관음보살을 배치하였다. 중국 석굴과 다른 점은

굴 전체를 화강석의 다듬은 돌을 사용하여 조적식으로 쌓아 올렸다는 점이다. 천장은 궁륭형穹窿形인데 그 중앙에 큼직한 연화문을 조각하여 용문석굴의 만불동 천장의 연화문과 비교가 된다. 우리나라에서 석굴사원은 중국에 비해 그 수가 매우 적은데 그 주요 원인은 한반도 기후와 많은 관련이 있는 것으로 보인다. 석굴사원의 조성은 교리적인 영향이기보다 돈황석굴의 주변 환경에서 보듯이 수도修道의 장소로는 석굴을 만들 수밖에 없는 자연적인 환경의 원인이 더 크다고 생각된다.

참고 문헌

1。사료

《三國遺事》　　《三國史記》　　《高麗史》　　《高麗史節要》

《東國輿地勝覽》《世宗實錄》《新增東國輿地勝覽》《朝鮮佛教通史》

宋，徐兢《高麗圖經》。宋《高僧傳》。《營造法式》。《洛陽伽覽記》。

清《工程做法則例》。

2。단행본 및 논문

中國科學院自然科學史研究所 主編，中國古代建築史，科學出版社，1990

梁思成，《淸式營造則例》，北京，中國建築工業出版社，1994。

刘大可，《中國古建築瓦石营法》，北京，中國建築工業出版社，1995。

中國科学院自然科学史研究所王編，北京，《中國古代建築技术书》，科学出版社，1990。

中國大百科全书编辑委員会，《中國大百科全书》建築，园林，城市计划，北京，

中國大百科全书出版社，1983。

清华大学建築系编，《建築史論文集第1集-第10集》，北京，清华大学出版社1980-1998。

刘敦桢，《中國古代建築史》，北京，中國建築工業出版社，1997，（第八次印刷）。

陈明达，《大木作制度研究》，北京，文物出版社，1993。

梁思成，《中國建築史》，北京，百花文藝出版社，1998。

陈正祥，《中國历史文化地理圖册》，東京，原书房，昭和57年，1982。

陈　炎，《海上丝绸之路与中外文化交流》，北京，北京大学出版社，1996。

杨炫之，《洛陽伽覽纪》，上海，上海古籍出版社，1993。

中國古代建築史佛教建築编，北京，中國建築工業出版社，1993。

罗哲文，刘文渊，刘春英，《中國著名佛教寺庙》，北京，中國城市出版社，1995。

上海古籍出版社编，《二十五史》，宋代编，上海，上海古籍出版社，1986。

梁思成，《營造法式主释》，卷上，北京，中國建築工業出版社。

王璞子，《工程做法注释》，北京，中國建築工業出版社，1995。

北京市文物研究所编，《中國古代建築辞典》，北京，中國书店，1992。

王鲁民，《中國古典建築文化探源》，上海，同濟大学出版社，1997。

郭黛姮。徐伯安，《營造法式》大木作制度小议，北京，建築史傳辑编辑委員会。

祁英涛，《对少林寺初祖庵大殿的初步分析》，北京，建築史傳辑编辑委員会。

張驭寰，《山西元代殿堂的大木结构》，北京，建築史傳辑编辑委員会。

孙宗文，《南方禅宗寺院建築及其影响》，北京，建築史傳辑编辑委員会。

張驭寰，《南方古塔概观》，北京，建築史傳辑编辑委員会。

祁英涛，紫释俊《五台南禅寺大殿修复工程报告》，北京，建築史傳辑编辑委員会。

萧　墨，《敦煌建築研究》，北京，文物出版社，1989。

扬鸿勋，《建築考古論文集》，北京，文物出版社，1987。

山西省古建築保护研究所《朔州崇福寺弥陀殿修缮工程报告》，北京，文物出版社，1987。

郭黛姮，中國古代建築史 第3卷，北京，中國建築工業出版社，2003

國立文化財研究所《韓國古建築》第一号-二十号，韓國國立文化財研究所，1972-1998。

李能和，《韓國佛教通史上。下卷》，慶熙出版社，影印本，1980。

金正基，《韓國木造建築》，一志社，1980。

張慶浩，《韓國傳統建築》，文藝出版社，1992。

金東賢，《韓國木造建築技法》，발언，1996。

鄭寅國，《韓國建築样式論》，一志社，1974。

尹張燮，《韓國建築研究》，東明社，1973。

張慶浩，《百濟寺刹建築》，藝耕産業社，1992。

張起仁，《韓國建築用語辭典》，普成文化社，1991。

張起仁，《韓國建築大系》，普成文化社，1991。

朴彦坤，《韓國建築史講論》，文運堂，1991。

朱南哲，《韓國建築美》，一志社，1983。

洪潤植，《韓國佛教史研究》，教文社，1998。

金東旭，《한국건축의 역사》，技文堂，1997。

《無爲寺極樂殿修理報告書》，文化財管理局，1984。

《華嚴寺實測調查報告書》，文化財管理局，1986。

《金山寺實測調查報告書》，文化財管理局，1988。

《花巖寺實測調查報告書》，文化財管理局，1985。

《鳳停寺修理報告書》，文化財管理局，1992。

3。학위논문

程建军，〈广東古代殿堂建築大木构架研究〉，华南理工大学博士学位論文，广東，1996。

韓東洙，〈初探中。韓两國古代建築文化的比较与交流〉，清华大学博士学位論文，
　　　　- 以14世纪至19世纪为主 - ，北京，1997。

4。학술단행본

《文物》

　林 钊 〈泉洲开元寺大殿〉　　　　　　　　　　　　　　　　文物，1959，第2期。

　杜仙洲〈义县奉國寺大雄殿调查报告〉　　　　　　　　　　　文物，1961，第3期。

　辜其一〈四川唐代摩崖中反映的建築形式〉　　　　　　　　　文物，1961，第11期。

　扬 烈〈山西平顺县古建築勘察記，大元寺〉　　　　　　　　文物，1962，第2期。

　阎文儒〈新疆天山以南的石窟〉　　　　　　　　　　　　　　文物，1962，7，第7，8期。

陈从周〈浙江古建築调查記略〉	文物，1963，7，第7期。
杜仙洲〈永乐宫的建築〉	文物，1963，8，第8期。
祁英涛〈中國古代建築年代的鉴定〉	文物，1965，4，第4期。
罗哲文〈山西之台山佛光寺大殿的内友现唐五代的题記和唐代壁画〉	文物1965第4期。
祁英涛〈中國古代建築年代的鉴正〉	文物，1965，5，第5期。
張步骞〈苏洲瑞光寺塔〉	文物，1965，10，第10期。
傅熹年〈唐长安大明宫含元殿原状的探计〉	文物，1973，3，第3期。
苏洲市文管会〈苏洲市瑞光寺塔发现一此五代北宋〉	文物，1979，11，第11期。
鄭恩淮〈应县木塔发现的明永乐二十年大布告〉	文物，1986，第9期。

宿白，马得志，扬泓，常又明，卢兆荫，孙扒，冯先铭，李辉柄，李知宴，马世长，晁

华山，〈法门寺塔地宫出土文物笔谈〉	文物，1988，第10期。
王中河〈浙江黄岩灵石寺塔发现北宋戏剧人物砖雕〉	文物，1989，第2期。
庄景辉〈論宋代泉州的石桥建築〉	文物，1990，第4期。
宿 白〈元代杭州的藏傳密教及其有关遗迹〉	文物，1990，第10期。
山西省古建築保护研究所，李裕群，〈天龙山石窟调查报告〉	文物，1991，第1期。
林士民〈浙江宁波天封塔地宫发掘报告〉	文物，1991，第6期。
刘友恒，樊子林〈河北正定天宁寺凌霄塔地宫出土文物〉	文物，1991，第6期。
黄滋〈浙江松陽延慶寺塔构造分析〉	文物，1991，第11期。
河南省古代建築保护研究所〈河南安陽宝山灵泉寺塔林〉	文物，1992，第1期。
黄文昆〈十六國的石窟寺与敦煌石窟藝术〉	文物，1992，第5期。
傅熹年〈日本飞鸟、奈良时期建築中所反映出的中國南北朝、隋唐建築特点〉	
	文物，1992，第10期。
張弓 〈唐代佛寺群系的形成及其布局特点〉	文物，1993，第10期。
張铁宁〈渤海上京龙泉府宫殿建築复原〉	文物，1994，第6期。
張汉君〈辽慶州释迦佛舍利塔营造历史及其建築构制〉	文物，1994，第12期。
颜华 〈山東广饶关帝庙正殿〉	文物，1995，第1期。
雷生霖〈河北蔚县五台山金河寺调查記〉	文物，1995，第1期。
刘友恒，聂连顺〈河北正定开元寺发现出唐地宫〉	文物，1995，第6期。
李裕群〈山西左权石佛寺石窟与"高欢云洞"石窟〉	文物，1995，第9期。

《中國营学社汇刊》

朱启钤〈朱启钤中國营造学社缘起〉，汇刊创刊号。

〈营叶慈博士論中國建築内有涉及营造法式之批评〉

阙铎 〈仿宋重刊营造法式校記〉

〈征求营造佚存圖籍启事〉

〈营造法式印行消息〉

朱启钤 阙铎〈王观堂先生及营造法式之遗札〉汇刊一卷二期1930年12月。

〈元大都宮苑圖考〉

〈叶慈博士据永乐大典本法式圖样与仿宋刊本互校記〉

〈伊東忠太博士講演支那之建築〉

〈建築中國宮殿之則例（美國亚東社会月刊）〉

梁思成　〈营造算例缘起　庑殿歇山科大木大式做法〉　　　　　汇刊二卷一期1931年4月。

　　　　〈大木小式做法　大木杂式做法〉

阚　铎　〈营造辞汇纂辑方式之先例〉

　　　　〈仿建热河普陀宗寺诵經亭記〉　　　　　　　　　　　汇刊二卷二期1931年7月。

梁思成　〈营造算例土作做法发考做法瓦作做法〉

　　　　〈大式瓦作做法　石作做法石作分法〉

　　　　〈法人德密那维尔氏评宋李明仲营造法式〉

梁思成　〈营造算例　桥座分法　琉璃瓦料做法〉　　　　　　汇刊二卷三期1931年11月。

　　　〈建築中國宮殿之則例（追加英文版　美國東亚社会月刊）〉

滨田耕著　刘敦桢译注〈法隆寺与汉六朝建築式样之关系〉　　汇刊三卷一期1932年3月。

田边泰著　刘敦桢译注〈玉虫厨之子建築价值〉

梁思成　〈我们所知道的唐代佛寺与宫殿〉

梁启雄〈論中國建築之几个特徵〉

梁思成〈蓟县独乐寺观音阁山门考〉　　　　　　　　　　　　汇刊三卷二期1932年6月。

刘敦桢〈北平智化寺如来殿调查記〉　　　　　　　　　　　　汇刊三卷三期1932年9月。

田边泰著　梁思成绎〈大唐五山诸堂圖考〉

梁思成〈宝坻县广濟寺三大士殿〉　　　　　　　　　　　　　汇刊三卷四期1932年12月。

龙非了〈开封之铁塔〉　　　　　　　　　　　　　　　　　　汇刊三卷四期1932年12月。

蔡方荫　刘敦桢　梁思成〈故宫文渊阁楼面修理计划〉

谢圖桢〈营造法式版本源流考〉　　　　　　　　　　　　　　汇刊四卷一期1933年3月。

艾克著　梁思成译〈福清二石塔〉

刘敦桢〈万年桥述略〉

刘敦桢校译〈牌楼算例〉

单士元〈明代营造史料〉

梁思成〈正定调查記略〉　　　　　　　　　　　　　　　　　汇刊四卷二期1933年6月。

单士元〈明代营造史料〉

梁思成　刘敦桢〈大同古建築调查报告〉　　　　　　　　　　汇刊四卷三四期合刊1933年12月。

林徽因　梁思成〈云冈石窟所表现的北魏建築〉

单士元〈明代营造史料〉

单士元〈明代营造史料〉 汇刊五卷一期1933年3月。

鲍鼎 刘敦桢 梁思成〈汉代建築式样与装饰〉 汇刊五卷二期1934年6月。

单士元〈明代营造史料〉

梁思成〈杭州六和塔复原状计划〉 汇刊五卷三期1935年3月。

林徽因 梁思成〈晋汾古建筑预查记略〉

单士元〈明代营造史料〉

刘敦桢〈河北省西部古建筑调查记略〉 汇刊五卷四期1935年6月。

王璧文〈清官式石桥做法〉

梁思成〈曲阜孔庙之建築及其修葺计划(专刊)〉 汇刊六卷一期1935年9月。

刘敦桢〈北平护国寺残迹〉 汇刊六卷二期1935年12月。

刘敦桢 梁思成〈清故宫文渊阁實测圖说〉

王璧文〈清官式石闸及石涵洞做法〉

梁思成〈建筑设计参考圖集叙〉

梁思成〈建筑设计参考圖集简说(一)台基(二)石栏杆(三)店面〉

杨延宝〈汴郑古建筑游览计録〉 汇刊六卷三期1936年9月。

刘敦桢〈苏州古建筑调查记〉

王璧文〈元大都城坊考〉

鲍鼎〈唐宋塔之初步分析〉 汇刊六卷四期1937年6月。

刘敦桢〈河北省北部古建筑调查记〉

王璧文〈元大都寺观庙宇建植沿革表〉

梁思成〈记五台山佛光寺建築〉 汇刊七卷一期1944年10月。

莫宗江〈宜宾旧州白塔宋墓〉

刘敦桢〈云南之塔幢〉 汇刊七卷二期1945年10月。

刘致平〈成都清真寺〉

莫宗江〈山西榆次永寿寺雨华宫〉

刘致平〈乾道辛昂墓〉

梁思成〈記五台山佛光寺建築(续)〉

《古建园林技术》

張荣慶〈阿房宫〉 古建园林技术,1984第1期。

王贵祥〈略論中國古代高层木构建築的发展〉(一) 古建园林技术,1985第1期。

王贵祥〈略論中國古代高层木构建築的发展〉(二) 古建园林技术,1985第2期。

朱希元〈太原晋祠〉 古建园林技术, 1985第2期。

吴慶州 谭永业 〈德慶悦城龙母祖庙（一）〉 古建园林技术, 1986第4期。

王贵祥〈关于唐宋建築外檐铺作的几点初步探讨（一）〉 古建园林技术, 1986第4期。

李有成 廉考文〈繁峙县岩山寺文殊殿〉 古建园林技术, 1986第4期。

孙永林〈斗拱〉 古建园林技术, 1987第1期。

马炳坚〈庑殿建築木构技术浅探〉 古建园林技术, 1987第1期。

王贵祥〈关于唐宋建築外檐铺作的几点初步探讨〉 古建园林技术, 1987第1期。

吴慶州〈德慶悦城龙母祖庙（二）〉 古建园林技术, 1987第1期。

孙永林〈斗拱（二）〉 古建园林技术, 1987第2期。

聂金鹿〈正定隆头寺摩尼殿斗拱修配与安装纪實〉 古建园林技术, 1987第2期。

王贵祥〈关于唐宋建築外外檐铺作的几点初步探讨（三）〉 古建园林技术, 1987第2期。

吴慶洲〈德慶悦城龙母祖庙（三）〉 古建园林技术, 1987第2期。

杨新平〈杭州鳳凰寺的建築特色〉 古建园林技术, 1987第3期。

冯冬青〈临汾尧庙广運殿修复前后建築结构初探（一）〉 古建园林技术, 1987第3期。

吴國智〈开元寺天王殿建築构造〉 古建园林技术, 1987第3期。

孙宗文〈南方道教建築藝术初探（一）〉 古建园林技术, 1989第1期。

程建军〈南海神庙大殿复原研究（一）〉 古建园林技术, 1989第2期。

孙宗文〈南方道教建築藝术初探（二）〉 古建园林技术, 1989第2期。

孙宗文〈南方道较建築藝术初探（三）〉 古建园林技术, 1989第3期。

徐振江〈平顺天台庵正殿〉 古建园林技术, 1989第3期。

李有成〈恒山上的古建築〉 古建园林技术, 1989第3期。

李会智〈营造法式"举折之制"浅探〉 古建园林技术, 1989第4期。

程建军〈南北古建築木构架技术异同研究〉 古建园林技术, 1989第4期。

孙绪明〈明代楚昭王墓园棱恩殿重建设计〉 古建园林技术, 1990第1期。

屠居华〈从商周到西汉时期的建築形象探（一）〉 古建园林技术, 1990第2期。

屠居华〈从商周到西汉时期的建築形象探（二）〉 古建园林技术, 1990第2期。

程万里〈中國古建築的历史分期〉 古建园林技术, 1991第1期。

程建军〈南北古建築木构架技术异同研究〉 古建园林技术, 1989第4期。

孙绪明〈明代楚昭王墓园棱恩殿重建设计〉 古建园林技术, 1990第1期。

屠居华〈从商周到西汉时期的建築形象探（一）〉 古建园林技术, 1990第1期。

屠居华〈从商周到西汉时期的建築形象探（二）〉 古建园林技术, 1990第2期。

陆元鼎〈中國民居的特征及其在现代建築中的鉴与運用〉 古建园林技术, 1990第4期。

程万里〈中國古建築的历史分期〉 古建园林技术, 1991第1期。

張十慶〈古代建築的尺度构成探析〉　　　　　　　古建园林技术，1991第2期。

蒋剑云〈浅淡厅堂与殿堂〉　　　　　　　　　　　古建园林技术，1991第2期。

徐振江〈唐代建築与仿唐定额〉　　　　　　　　　古建园林技术，1991第2期。

張十慶〈古代建築的尺度构成探析（二）〉　　　　古建园林技术，1991第3期。

張十慶〈古代建築的尺度构成探析（三）〉　　　　古建园林技术，1991第4期。

杨新平〈松陽延慶寺宋塔初部研究〉　　　　　　　古建园林技术，1991第4期。

汤崇平〈北京历代帝王庙大殿构造〉　　　　　　　古建园林技术，1992第1期。

吴慶洲〈粤西古建築瑰宝（上）〉　　　　　　　　古建园林技术，1992第1期。

吴慶洲〈粤西古建築瑰宝（下）〉　　　　　　　　古建园林技术，1992第2期。

马炳坚〈明清官式木构建築的若干区别（上）〉　　古建园林技术，1992第2期。

马炳坚〈明清官式木构建築的若干区别（中）〉　　古建园林技术，1992第3期。

黄善言·王劲〈沅陵龙兴寺〉　　　　　　　　　　古建园林技术，　1992第3期。

何建中〈東山明代住宅大木作〉　　　　　　　　　古建园林技术，　1992第4期。

倪尔华〈傳統祀镇建築研究〉　　　　　　　　　　古建园林技术，1992第4期。

倪尔华〈傳統祀镇建築研究〉　　　　　　　　　　古建园林技术，1993第1期。

王其亨〈宋营造法式石作制度辨析〉　　　　　　　古建园林技术，1993第2期。

張志兰〈从南禅寺屋角部分做法分析其它屋角部分〉　古建园林技术，1993第2期。

黄希明〈明清建築评价及其相关问题〉　　　　　　古建园林技术，1993第4期。

張十慶〈古代建築象形构件的形制及其演变〉　　　古建园林技术，1994第1期。

聂连顺〈正定开元寺钟楼落架和复原性修复〉　　　古建园林技术，1994第1期。

李先逵〈深山名刹平武报恩寺〉　　　　　　　　　古建园林技术，1994第2期。

王國政〈两种木结构形式相结合的典型例证〉　　　古建园林技术，1994第2期。

聂连顺〈正定开元寺钟楼落架和复原性修复（下）〉　古建园林技术，1994第2期。

王國政〈两种木结构形式相结合的典型例证〉　　　古建园林技术，1994第2期。

吴慶洲〈中國佛塔塔刹形制研究（上）〉　　　　　古建园林技术，1994第4期。

吴慶洲，〈中國佛塔塔刹形制研究（下）〉　　　　古建园林技术，1995第1期。

娄青，　　〈贵洲民间建築的出檐结构〉　　　　　古建园林技术，1995第1期。

李战修，〈风景环境中的楼阁〉　　　　　　　　　古建园林技术，1994第3，4期。1995，

李有成，〈定襄县关王庙构造浅探〉　　　　　　　古建园林技术，1995第4期。

杨昌鸣，方拥，〈闽南古建築木构梁架的基本类型〉　古建园林技术，1995第4期。

滑辰龙，〈佛光寺文殊殿的现状及修缮设计〉　　　古建园林技术，1995第4期。

李向東，〈插拱研究〉　　　　　　　　　　　　　古建园林技术，1995第4期。

중·한 고건축 용어 비교

1. 平面部

	韓 國	中國(宋式)	中國(淸试)	蘇州(營造法原)	备 考
1	基壇	階台	台基	階台	
2	下台地伏石	石地伏	土村		
3	基壇面石		陡板		
4	隅柱	角柱	角柱		
5	撑柱	格身板柱			
6	甲石	壓蘭石	階條		
7	基壇隅石	角石			
8	階段	踏道			
9	斜甲石	副子	垂帶	菱角石	
10	基壇上隅獸	角獸			
11	月台	月台	平台。露台	露台	
12	平面部				
13	平面	地盘	平面面闊	地面開間	
14	側面	進深	進深	進深	
15	御間	當心間	明間	正間	
16	夾間	次間	次間	次間	
17	夾間	梢間	梢間	再次間	
18	夾間	儘間	儘間	落翼	
19	外陳部分	外槽			
20	內陳部分	內槽			
21	外陳柱	檐柱	檐柱	前后廊柱	
22	內陳柱	內槽柱	金柱		
23	平柱	檐柱	檐柱		
24	高柱	內槽柱	中柱		
25	隅柱		角柱		
26	壁心柱		山柱		
27	壁体	夯土墙(墙裙)	檐墙(墙壁)		

2. 斗栱部

	韓 國	中國(宋式)	中國清試	蘇州(營造法原)	備 考
1	昌枋	蘭額	額枋		
2	昌枋頭	蘭額頭	額枋頭		
3	平枋	普柏枋	平板枋		
4	內出目	內跳			
5	外出目	外跳			
6	外目道里	撩檐方	挑檐桁		
7	包作	鋪作	斗栱	牌科	
8	柱心包作	柱頭鋪作	柱頭科	柱頭牌科	
9	多包作(空間包)	补間鋪作	平身科	外檐間牌科	
10			溜金斗栱	拜軺科	
11			如意斗栱	罔形科	
12	隅包作	轉角鋪作	角科	角栱	
13	出目	出跳(出抄)	出踩	出參	
14	組	朶	攢	坐	
15	翼工	翼形工			
16		單栱	一斗三升	斗三升	
17		重栱	一斗六升	斗六升	
18		四鋪作	三踩(彩)	三出參	
19	五包作	五鋪作	五踩(采)	五出參	
20		六鋪作	七踩(彩)	七出參	
21	七包作	七鋪作	九踩(彩)	九出參	
22		八鋪作			
23	柱頭	櫨斗	坐斗(大斗)	坐斗(大斗)	
24	柱心小累	交互斗	十八斗	升	
25	邊小累	散斗	槽升子	升	
26		齊心斗		升	
27	小檐遮	瓜子栱	外拽瓜栱	斗三升栱	
28	一出目小檐遮	泥道栱	正心瓜栱	斗三升栱	
29	大檐遮	慢栱	正心万栱	斗六升栱	
30	行栱檐遮	令栱	廂栱	桁向栱	
31	山彌, 出栱	華栱	翹(鴛)		
32	翹(鴛)頭	重抄	重翹(鴛)		

33	栱眼	栱眼	栱眼	栱眼	
34	梁頭	要頭	螞蚱頭	要頭	
35	長舌	素方	挑檐枋		
	長舌	平綦枋	井口枋	牌條	
36	春舌	大角梁	大角梁		
37	蛇羅	子角梁	子角梁		
38	扇子椽	扇子椽			
39	一散枋	生頭木	深頭木		

3. 构架部

	韓 國	中國(宋式)	中國清試	蘇州(營造法原)	備 考
1	宗道里	脊摶	脊桁	草脊桁	
2	上中道理	上平摶	上金桁	上金桁	
3	中道理	中平摶	老檐桁	草步桁	
4	下中道里	下平摶		草軒桁	
5	柱心道里	牛脊摶	正心桁	廊桁	
6	外目道里	撩檐方	挑檐桁	梓桁	
7	宗梁	平梁			
8	中宗梁	乳伏			
9	退梁	乳伏(月梁)			
9	大梁	五椽伏			
10	台工	駝峰			
11	內部虛檐遮	丁斗栱			
12	牛尾梁	答牽			
13		挑斡			
14	童子柱	蜀柱	脊瓜柱		
15	童子柱	矮柱	金瓜柱	脊童柱	
16		平暗椽			
17		平暗			
18		平綦枋			
19	隅梁(耳梁)	角伏			
20	下 引 枋	地伏	地伏		

21	下引枋柱	心柱	心柱		
22	門下引枋	腰串	腰串		
23	門楗柱	立頰	立頰		
24	紅箭窓	直欞窓	直欞窓		
25	格子門	格子門	格扇	長窗	
26	板門	板門	板門		
27	心枋石				
28	上引枋	額	額		
29	門楣	門楣	上檻	上檻	
30	小欄盘子	平棊	天花	棋盘頂	
31	生起	生起			

4. 屋頂部

	韓　　國	中國(宋式)	中國淸試	營造法原(南方)	其　他
1	屋蓋	屋頂	屋頂		
2	八作지붕	歇山頂			
3	朴工지붕	悬山頂			
4	隅進閣지붕	廡殿頂			
5		硬山頂			
6		四角攒尖			
7	重層	重檐			
8	瓦當	瓦當			
9	椽舍	燕頷板			
10	朴工板	搏風板			
11	懸魚	懸魚			
12	着高	正當沟			
13	积瓦	圍脊			
14	鴟尾	鴟尾	正吻	吻	
15	용마루	正脊	正脊	正脊	
16		垂脊	垂戗脊	竪垂	
17	雜像	走獸			

찾아보기

ㄱ

가복사 61

감은사지 42,131,135,141,182,183

개심사 169,170,182,185

개암사 174,182

개원사 114

건국사 39

계태사 59,60

계호대사 174

고구려발해도 8

고산사 167,185

공덕사리탑 40

관룡사 171,182

광성사 154

광승하사대전182

광월법사 36

광혜통리선사탑 62

국청사 46,47,158

군수리사지 123,124

군위삼존석굴 206

권살수법 24,35

규기대사탑 33,36,37

균여 157

금강사지 124

김교각 10

ㄴ

나한원 40,41,48,136

남사 114

남선사
64,65,66,67,68,69,72,146,181,184

내소사 176

노철산수도경유항로 9

ㄷ

달마대사 152

담자사 61,62,63

당초제사 147,181

대보은사 114

대비사 177

대안사 19

대안탑 19,26,28,29

대운사 154

독락사 76,77,78,79,
108,115,156,185

돈황석굴(막고굴)
8,71,191,192,193,194,195,196,
198,205,206

동남리사지 124

동해항로10

ㅁ

마곡사 178,179,180

만복사지 119,133

만수사 59

망덕사 130

묘엄대사탑 62

무량사 177,180

무루사 26

무위사 168,169,182,185

미특사시
121,122,135,144,145,146,182,
184,187,196

미황사 177

ㅂ

백록원 33

백마사 17,19,22,23,24,25,135

범어사 177

법랑 157

법륭사 147

법문사 30,31,32,135

벽운사 52,53,54,55,136,185

보국사 80,81,82,108,148,150,181

보림사 133

보주정단첨사문순금탑 31

봉국사 181

봉국사 83,84,85,149,151,181,184

봉정사 66,159,182

부석사 135,159,161,162,
163,173,182,185

북중국항로 8,9

분황사지 182,183

불갑사 172,173,182,185

불광사 70,71,72,73,74,75,
108,147,148,153,181,182,183

불국사 42,135,142,143,184

불궁사 94,95,96,97,98,99

불산조묘 185

불일사 119,134

ㅅ

사천왕사지 130,182,183

사포보살아육왕탑 31

상국사지 39

상오리사지 117,120,121

상화엄사 86,87,88,150,182,184

석굴암 206

선화사 114,115,151,182,184

성불사 165,166

소림사 152,182

수덕사 101,106,107,159,163,
164,182,185

수원 장안문 180
수원 팔달문 180
숭복사 108,109,110,111,112,
113,152,182,184
승장법사 36
실상사 132,133,157,158
실크로드 8
심원사 167,182

ㅇ
아육왕사 30
안동도 8
안동신세동전탑 42
여주신륵사전탑 42
연복사 100,101,102,103,
155,182,185
영녕사 18,19,20,21,22,135,193
영락궁 153,182
영은사 43,44,45,48,136
영통사 158
오탑사 49,50,51
왕궁리사지 126,127,145,184
용문석굴 197,198,199,206
용장사 90
용천사 61
운강석굴 200,201,202,203,205

운거사 56,57,58
운림선사 43
원융국사 161,162
원측 10,36,118
원측법사탑 33,36
원효 118,129
위봉사 173,182
율곡사 172,182
융흥사 36,90,91,92,93,151,182,185
은해사 164
의상대사 10,118,159,163
의천 134,157,158

ㅈ
자선법사 36
자은사 26,135
자장법사 10,128,129
장곡사 86
적산항로 10
전등사 177
정릉사지 117,121,135
정림사지 117,125,126,145,182,183
정사탑 31
제운탑 22,24
조경매암 104,105,106,107,185
지눌 158

지의법사 46

지천사 56

진감국사 147

ㅊ

착용 17

천룡산석굴 199,200,201

천태사 46

청암리사지 117,120

정평사 158

초암 46

ㅍ

평양 대동문 180

평양 보통문 180

풍덕사 36,37

ㅎ

하화엄사 86,87,89,150,181

해운선사탑 61

향상사 36

현장법사 10,26,33

현장법사탑 33,34,35,36,37,135

혜능 104,119

혜초 10

혜취사 59

호구이산문 156

홍려시 11,17

홍척국사 132,157

화암사 175,176

화엄사 86,179

환성사 170,171,182

황룡사지 27,116,128,129,135,

139,140,141,146,156,182,183,188

홍교사 10,37,135

홍왕사 119,134